전자기파란 무엇인가

보이지 않는 파동을 보기 위하여

고토 나오히사 지음
손영수·주창복 옮김

전파과학사

머리말

지금부터 약 20여 년 전인 학생 시절에 여자 친구로부터 변증법(變症法)을 알기 쉽게 설명해 달라는 청을 받은 적이 있다. 책에서 주워 얻은 지식을 아는 체하며 신나게 떠벌리고 있던 시절이었는데 변증법 설명에서는 그만 중간에서 딱 막혀버린 기억이 있다. 쉽게 설명하기 위해서는 먼저 자기 자신이 잘 이해해야 함을 통감했었다.

알기 쉽게 설명하기 힘든 것 중 하나가 전자기파(電磁氣波)다. 송전선으로부터 각 가정으로 배전되는 전력, 전화선을 통해서 음성이 되는 전기신호, 라디오나 텔레비전의 방송전파, 적외선 난로에서 나오는 열, 빛이나 X선 등은 전적으로 같은 전자기파이며 우리는 전자기파에 둘러싸여 생활하고 있다. 그런데 학생들의 학습 백과사전이나 일반을 대상으로 하는 해설책 따위에 나타나는 전자기파의 설명에서는 그런 정도의 기술(記述)로는 도무지 이해가 안 될 뿐만 아니라 오해를 불러일으킬 만한 그림이 그려져 있는 것이 보통이다.

사물에는 본질적으로 쉬운 것과 어려운 것이 있다. 어려운 것을 간단하게 설명한다는 것은 여간 곤란한 일이 아니다. 억지로 설명하려 들다가는 그릇된 것을 가르치게 된다. 어려운 것의 한 예가 이 전자기파다. 전자기파에 대해서 이와 같은 견해를 갖는 전문가가 많다.

일본의 안테나 연구자들과 기술자들이 집필자가 되어 『안테나 공학 핸드북』이라는 책을 출판했었다. 이 책의 서두에 전자기파는 왜 복사되고, 어떻게 해서 진행하는지 등에 관해 수식 (數式)을 쓰지 않고 해설할 수 없겠느냐는 의견이 있었다. 그러나 오해를 살지도 모른다는 우려에서 수식을 쓰지 않는 해설은 결국 실현되지 못했다. 전자기파를 알기 힘든 첫 번째 이유는 수식을 쓰지 않고 설명하기 어렵다는 점에 있다.

전자기파를 해설하는 전문서적에는 수많은 수식이 등장한다. 전자기파를 알기 쉽게 설명하기 위해서는 되도록 수식을 쓰지 않아야 한다. 이 책은 최소한의 수식만을 사용하여 전자기파가 어떻게 발생하며 왜 진행하는지 등등을, 오해를 사지 않게 설명한 것이다.

이 책의 집필에 착수한 후 고단샤의 고에다(小技一夫) 부장이 꼼꼼하게 원고를 읽어보고 "이 식은 생략할 수 없겠느냐"는 등의 요청을 많이 해 왔다. 고교생이나 중학생도 이해할 수 있게 하기 위해서는 수식에 의존하는 것이 바람직하지 않았기 때문이다.

일반적인 문장에서는 '그 내용을 전혀 알 수가 없다, 대체로 알 만하다, 잘 알 수 있다'라고 하듯이 이해의 정도가 아날로그적이다. 이것에 대해 수식에서는 '전혀 알 수가 없다, 잘 알 수 있다'라는 디지털적인 생각을 하기 쉬우나 수식에서도 대체로 알 수 있을 만하면 그것으로 충분한 경우가 많다.

이를테면, 두 전하(電荷) 사이에 작용하는 힘을 나타내는 식에서 전하는 분자에 해당하는 것이므로 전하가 많으면 힘이 커진다. 전하 사이의 거리는 분모에 해당하기 때문에 거리가 커지면 힘이 약해진다. 이런 정도로만 이해해도 충분한 경우가 많다. 일반적인 문장에서는 대체적인 내용을 알 수 있으면 앞으로 나아갈 수 있으므로 수식이 나오더라도 마찬가지로 그쯤 가볍게 넘겨주기 바란다.

전자기파를 알기 힘들다고 말하는 두 번째 이유는 이것이 눈에 보이지 않는다는 점에 있다. 전자기파와 더불어 우리와 관계가 깊은 파동(波動)인 음파도 물론 볼 수가 없으나 귀로 느낄 수 있다는 데에서 큰 차이가 있다. 그러나 파동으로서의 음파와 전자기파는 비슷한 성질을 지녔기 때문에 음파를 이해한다는 것은 중요한 일이다. 그래서 이 책에서는 먼저 음파에 대해 설명했다.

바람은 공기가 이동하고 있는 상태이므로 우리는 눈으로 그것을 볼 수가 없다. 그러나 화가(畵家)는 바람을 표현할 수가 있다. 화면에 흰색으로 연한 물감을 칠한다거나, 강한 바람은 거친 바다처럼 급각도로 꺾어지는 선으로, 또 약한 바람은 완만한 곡선 등으로 그려진다. 이와 같은 그림을 보고서도 공중에 흰 가루가 흩뿌려진 것이라고 생각하지 않는 것은 그것이 공인된 표현 방법이기 때문일 것이다.

전자기파도 바람처럼 눈에 보이지는 않으나 만인에게 인정될 수 있는 표현 방법이 있다면 전자기파가 진행하고 있는 것을 묘사할 수 있다. 이 목적을 위해 고안된 것이 전기력선(電氣力線)과 자기력선(磁氣力線)이다. 자기력선은 자석에 의해 쇳가루가 배열되는 선이기 때문에 이해하기가 쉽다.

빛의 정체는 오랫동안 수수께끼였는데 맥스웰(Maxwell)이 "빛은 전자기파다"라는 착상에 도달한 것도 이 전기력선과 자기력선 덕택이었다. 이와 같은 역선(力線)은 전자기파를 이해하는 열쇠가 되는 것이므로 이 책에서는 역선의 설명에 많은 지면을 할애했다.

전자기파를 알기 힘든 세 번째 이유는 본질적으로 이것이 어렵기 때문일지 모른다. 뉴턴(Newton)이 음파가 전파(電波)하는 데 공기가 필요하듯이, 빛이 진공 속을 전파하는 데는 에테르(Ether)라는 물질이 있기 때문이라고 생각했을 정도로 어려운 현상임에는 틀림없다.

그리스 시대의 마찰전기나 나침반은 별도로 치더라도 현대 전기의 발전은 1800년 볼타(Volta)의 전지 발명에 의해서 가속화되는데, 그래도 헤르츠(Hertz)에 의한 전자기파의 실증에 이르게 되기까지 100년 동안이나 천재들을 괴롭혀 왔던 것이 전자기파다.

어려운 현상이라는 것은 그것을 이해하기 위한 많은 정보가 필요하며 노력이 요구된다는 것을 뜻한다. 재미있는 강의라는 것은 학생에게 전달할 정보량이 적은 강의인 경우가 많다. 만담이나 인생 교훈 따위가 그러하다. 전달해야 할 정보량이 많아지면 그 순간부터 그 강의가 재미없어지는 것이 보통이다. 100년 동안이나 천재들을 괴롭혀 왔던 일을 이해해야 하는 것인 만큼 이 책에서 알기 힘든 곳이 나오더라도 참고 반복해 읽어주기 바란다.

끝으로 고단샤의 고에다 부장에게는 집필에 있어서 귀중한 지도를 많이 받았다. 이 책에서 알기 힘든 곳이 적었다고 한다면 그것은 전적으로 그의 덕택이다. 감사의 뜻을 표한다.

차례

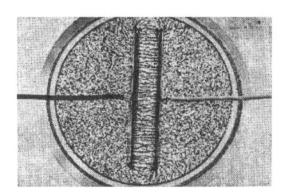

전기력선

서장

1945년대, 2차 세계대전 직후는 물자가 부족한 시대였다. 당시 나는 중학생이었고, 중학생들 사이에는 광석(鑛石) 라디오 제작이 유행이었다. 광석 라디오는 광석이라 불리는 다이오드(Diode), 코일(Coil), 가변 콘덴서(Variable Condenser), 수화기(Earphone)의 네 가지로 구성된다. 코일은 가느다란 에나멜 선을 직접 감아서 만들었다. 회로는 아주 간단한 것이었지만 가변 콘덴서(속칭 바리콘)를 돌려 수화기에서 소리가 들렸을 때의 감격은 지금도 생생하게 기억하고 있다.

특히 밤이 되면 먼 곳에 있는 방송국의 방송이 들려왔다. 옛날의 그 맑디맑은 밤하늘, 무수한 별이 반짝이는 밤하늘을 수많은 전파가 날아다니고 있다고 생각하면 정말 불가사의했다. 아무것도 없는 저 공간을 그것도 1㎞, 10㎞ 또는 100㎞, 1,000㎞나 떨어져 있는데도 사람의 목소리가 전해오다니. 생각하면 중학생이 아니더라도 이상한 일이다.

라디오 제작에 바짝 열을 올렸던 덕분에 대학에서는 전자공학(電子工學)을 전공했고 또 아마추어 무선가(HAM)가 되었다. 대학에서 배우는 것에는 라디오(수신기)와 송신기를 만들어 보아 큰 도움이 되었으나, 송신기에서 전파가 나가는 곳인 안테나가 가장 이해하기 힘든 부분이었다. 이것이 내가 일생을 안테나와 전파를 전문으로 다루게 된 동기이기도 하다.

현재는 안테나와 전파에 관해서는 웬만큼 알고 있다는 자부심이 있다. 그러나 졸업 연구 등에서 「이러이러한 방침으로 나가면 잘될 것이다」라고 지시했는데도 막상 학생이 실험한 결과가 예상했던 것과 달랐던 경우가 여러 번 있었다. 학생으로부터 가장 쓰라린 말「선생님, 잘되지 않는데요……」라는 말을 들을 적마다 전파(電波)나 안테나에 대한 이해가 얕구나 하는 사실을 뼈저리게 느끼곤 한다. 물론「잘되는」일도 있는 것이 연구의 재미이기도 하지마는.

어떤 유명한 회사의 입사시험에 다음과 같은 문제가 나왔다.

「〈그림 1〉에 보인 것과 같은 한 개의 전선에 전류가 흘렀을 때 이 전선에서 전파가 복사(輻射)된다는 사실을 중학생에게도 알 수 있게 간단히 설명하라.」

얼핏 보기에는 쉬운 문제 같지만 사실은 매우 어려운 문제다.

중학생은 한 개의 전선에 전류가 흐른다는 그 자체조차도 이해할 수 없을지 모른다. 그러나 수험생으로서는 문제 자체의 불비점을 항의할 수도 없을뿐더러 해답을 마련해야 한다. 교사도 학생에게 적절한 해답을 제시해야 한다. 전파나 안테나에 관한 전문서적에는 많은 수식이 나오는데, 중학생에게는 수식을 쓰지 않고서 설명해야 한다. 전파나 안테나에 관해서 정말로 잘 알고 있다면야 수식을 쓰지 않고서도 설명할 수 있겠지만 이것은 의외로 어려운 일이다. 이 입사시험의 해답이 되고자 하는 것이 이 책의 목표 중 하나다.

지식 가운데는 단편적인 잡학(雜學)이라 불리는 것과 계통적인 것이 있다. 계통적인 것이 전형적인 학문이다. 「학문에는 왕도(王道)가 없다」는 말이 있듯이 계통적인 지식을 얻는 데는 노력이 요구된다. 「전파는 알기 힘들다」라고 말하는 것은 전파를 이해하는 데는 이 계통적인 지식이 약간은 필요하기 때문일 것

$$\xrightarrow{\text{전류}}$$

<그림 1> 쉬울 것 같으면서도 어려운 문제
질문: 그림에 보인 것과 같은 한 줄의 전선에 전류가 흘렀을 때 이 전
　　　선으로부터 전파가 복사되는 것을 중학생에게도 알 수 있게 간단
　　　히 설명하라

이다.

등산에다 비유한다면 잡학을 구하는 것은 수많은 낮은 산에 올라가는 것이고, 계통적인 지식을 얻는다는 것은 하나의 높은 산봉우리에 올라가는 것이다.

산에 올라가는 데는 어떤 산이건 노력이 필요하며 지적(知的) 호기심이 만족되는 점에서는 어느 쪽이나 다 같다. 그러나 수많은 낮은 산을 노릴 경우에는 한 산이 마음에 들지 않으면 그것을 포기하고 다른 산에 올라갈 수도 있으나, 하나의 높은 산봉우리를 목표로 삼을 때는 어쨌든 어느 부분만큼은 올라가지 않으면 앞으로 나갈 수가 없다. 오르기 힘든 곳이 있어도 참고 견디며 되풀이해서 올라갈 필요가 있다.

이 책은 전파, 전자기파를 이해할 수 있게 사례를 좇아 썼다. 그 때문에 알기 힘든 곳에서는 두세 번쯤 되풀이해 읽어주기 바란다. 반드시 이해가 갈 것이라고 생각한다.

우리는 여러 수준에서 무언가를 이해하게 되는데, 익숙해진다는 것은 이해의 첫걸음이다. 과거의 기억과 모순되지 않는 것은 우리가 쉽게 받아들일 수 있다. 「왜 물체에는 만유인력이 작용하는가?」라는 것은 사실상 불가사의한 일임에 틀림없다.

그러나 물체가 아래를 향해 떨어진다는 것을 우리는 이상하게 생각하지 않는다. 여러 번 경험해서 과거의 기억과 모순이 되지 않기 때문이다. 전파를 이해한다는 것도 이것과 마찬가지로 익숙해지는 것이 중요하다.

바다의 파도, 기타 줄(絃)의 진동, 음파, 전자기파(전파) 등 우리 주변에는 여러 가지 '파동'이 있다. 이들 파동은 공통의 성질과 다른 성질을 지니고 있다. 무엇이 공통이고 무엇이 다른가를 안다는 것은 곧 전파, 전자기파를 안다는 것이기도 하다. 위스키와 청주의 공통적인 성질과 다른 성질, 즉 차이를 알게 되면 위스키와 청주를 알았다는 것이 되며, 청주의 1급주와 2급주의 차이를 알지 못하면 1급주와 2급주를 알지 못한다는 것과 같다.

바다의 파도가 누구에게나 알기 쉬운 것은 그것이 눈에 보이기 때문이다. 전파가 알기 힘든 것은 눈에 보이지 않는다는 성질 때문이기도 하다. 여러 가지 파동의 공통적인 성질과 다른 성질을 밝히는 동시에 전자기파를 「눈에 보이게끔」 하는 것이 이 책의 목적이다.

1장
보이는 파동, 보이지 않는 파동

바다의 파동

물결을 가리키는 한자에는 '波'라는 글자가 있다. 이것을 둘로 쪼개보면 물(氵=水)의 살갗(皮), 즉 표면이다. 글자 그대로 물의 표면이기 때문에 거울과 같은 표면은 오히려 드문 편이고, 무언가 늘 요동하고 있는 것이 물의 표면이자 물결이다. 물의 표면에 파동이 생기는 것은 바람에 의할 때가 많다. 바람이 거세면 높은 물결이 생기기 때문에 인공위성에서 파도의 높이를 측정해서 해상의 풍속을 알아내는 방법이 연구되고 있다.

바다 표면에도 잔잔한 물결이나 태풍에 의한 큰 파동 등 여러 종류의 파동이 있다. 바다 밑이 깊을 경우 표면의 물결이 가장 간단한 파동이다. 〈그림 2〉는 오른 방향으로 진행하는 이와 같은 파동을 바로 옆에서 관찰한 것이다. 위로부터 시간이 경과하는 데 따른 파동의 형상을 나타내고 있다. 그림에 보인 T는 파형이 본래의 상태로 되돌아가기까지의 시간으로 주기(周期)라고 불린다. 그림 속의 눈금으로부터 알 수 있듯이 장소를 고정시켜 놓고 보면 파동의 높이는 상하로 진동하고 있으며 본래의 높이로 돌아가는 시간이 주기라는 것을 알 수 있다.

그림에서 알 수 있듯이 파동은 시간적으로도 변화를 되풀이하지만, 공간적으로도 변화를 되풀이해서 같은 형상이 된다. 파동이 같은 형상이 되는 거리를 파장(波長)이라 하며 보통, 그리스 문자의 λ로 나타낸다. 길이는 영어로 Length인데 그리스 문자의 λ가 영문자의 L에 해당하기 때문이다. 파장(λ)과 주기(T)는 파동의 성질을 나타내는 중요한 값이다. 또 주기(T)를 가리키는 것은 시간(Time)에서 유래하고 있다.

〈그림 2〉에는 파동의 표면형상을 보였는데 물의 각 부분은

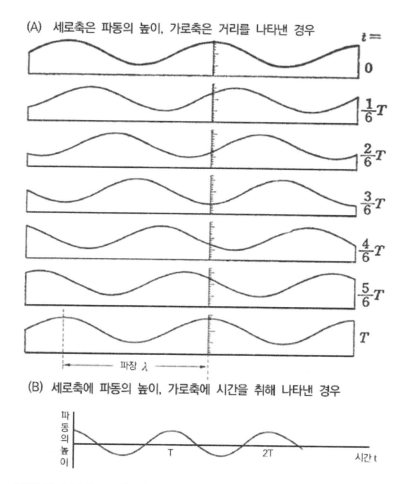

<그림 2> 파동의 표면은 거리에 따라, 또 시간의 경과에 따라 변화한다

어떤 운동을 하고 있을까? 바다의 물결은 예로부터 연구되어왔고, 바닥이 깊은 경우 표면파에서는 물의 운동이 간단한 원운동(圓運動)이 된다는 것이 알려져 있다. <그림 3>은 물의 각 부분의 운동을 보인 것으로 화살표는 그 위치에 있는 물의 운동

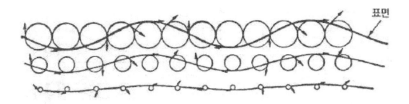

〈그림 3〉 파동의 내부에서는 물이 각각의 위치에서 원운동을 하고 있다

을 나타내고 있다. 화살표의 방향은 운동 방향을 나타내고 화살표의 길이는 속도에 비례하고 있다.

원은 물이 운동한 궤적(軌跡)이다. 한 주기로써 1주 하기 때문에 큰 원은 그만큼 빠른 속도로 운동한다는 것을 가리키고 있다. 물의 운동은 표면에서부터 물속으로 들어감에 따라서 지수함수적(指數函數的)으로 느려진다는 사실이 알려져 있다. 원운동의 반지름은 표면에서부터 반파장(파장의 1/2) 아래에서는 표면의 4.3%가 되고, 한 파장 아래서는 표면의 0.18%가 되어 급속히 작아진다. 그러므로 폭풍우가 심한 바다에서도 표면에서 조금만 물속으로 들어가면 물의 움직임이 적고 조용하다.

바다 표면에서 일어나는 파동에서 물은 그림에 보였듯이 원운동을 하고 있다. 다음에 보인 기타 줄에서 생기는 파동에서 기타 줄은 파동이 진행하는 방향에 직각으로 진동한다. 또 뒤에서 보인 음파에서는 공기의 입자가 파동이 진행하는 방향으로 진동한다. 이와 같이 자연계에는 여러 종류의 파동이 있고 파동을 만드는 물이나 공기의 '입자'는 다른 형태로 진동하고 있다. 그러나 파장(λ)이나 주기(T)에 의해 파동의 특징이 드러나게 되는 것은 공통적이다.

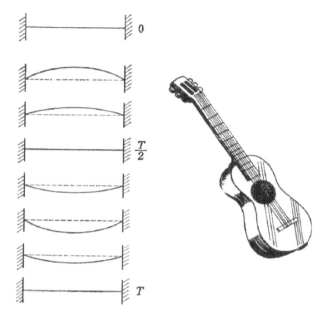

〈그림 4〉 양 끝이 고정되어 정지해 있는 줄(맨 윗단)과
상하로 진동하고 있는 줄

기타 줄의 진동

기타 줄을 튕기면 줄이 진동해서 아름다운 소리를 낸다. 현악기에서는 줄의 양 끝이 고정된 채로 정지해 있는데 튕기면 진동한다. 이 진동 방법을 앞에서 말한 바다의 물결처럼 시간에 따라 살펴보면 줄은 상단으로 들어 올려졌다가 다음에는 하단을 향해 이동하고 하단에 와서는 다시 상단으로 되돌아가는 운동을 반복하고 있다(그림 4).

이 줄의 운동은 단순한 상하운동이고 파동의 형상을 유지하며 진행하는 바다의 물결과는 다른 것처럼 보이지만, 장소를

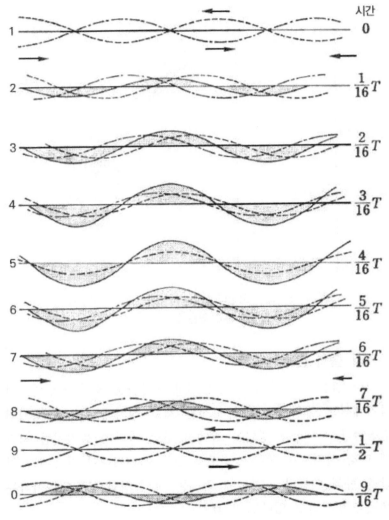

〈그림 5〉 줄의 진동은 서로 반대 방향으로 진행하는 파동의 합으로서
　　　　　나타내진다

고정시켜 놓고 본 바다 물결의 높이 변화(진동, 〈그림 2〉의 눈금이 그려진 곳을 볼 것)와 같다. 줄의 상하운동이 반복되는 시간이 파동의 주기(T)가 된다.

이 줄의 운동은 서로 반대 방향으로 진행하는 파동운동의 합으로서 나타낼 수 있다. 〈그림 5〉는 이 경우의 상태를 보인 것이다. 맨 윗단은 두 줄의 진폭이 서로 상쇄되듯 하는 상태에 있을 경우를 가리키고 있다. 즉 두 줄의 진폭은 플러스인 위쪽과 마이너스인 아래쪽이 같으므로 그 합인 제로가 되어 정지한 것처럼 보인다.

다음에는 이 두 줄이 화살표가 가리키듯이 서로 반대 방향으로 진행하는 경우를 생각해 보자. 〈그림 5〉의 두 번째 단은 주기의 1/16만큼 시간이 경과했고, 각각의 파동은 파장의 1/16의 거리만큼 좌우로 진행해 있다. 이 경우에 두 줄의 진폭의 합은 그림에서 검게 표시한 형상이 된다.

〈그림 5〉의 세 번째 단은 2/16의 주기가 경과한 경우인데 각각의 파동은 좌우로 파장의 2/16만큼 진행해 있다. 검게 표시한 각각의 파동의 합은 진폭이 커져 있지만 진폭이 제로가 되는 위치는 먼저와 같다.

이와 같이 해서 네 번째 단은 3/16의 주기이며 세 번째 단과 비교해서 합의 진폭은 커지지만 제로점의 위치는 마찬가지다. 다섯 번째 단은 4/16, 즉 1/4주기가 경과한 경우로 합의 진폭이 가장 커져 있다. 1/4주기를 경과하면 합의 진폭이 점차 작아지고 지금까지의 경과를 역으로 더듬어가는 형상이 된다.

마지막으로 아홉 번째 단은 반주기를 경과한 경우인데 합의 진폭은 제로가 된다. 반주기를 경과하면 다시 합의 진폭이 커

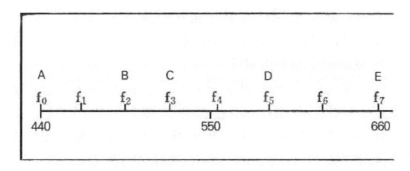

〈그림 6〉 12음계와 주파수

지지만 먼저의 주기와는 반대의 진폭으로 커지는 것을 알 수 있다. 진폭의 제로가 되는 위치가 변하지 않는다는 것은 먼저의 반주기와 같다.

〈그림 4〉나 〈그림 5〉에서 검게 표시한 파동은, 위치는 이동하지 않은 채 진동만 하고 있는 파동이기 때문에 이것을 정재파(定在波)라고 한다. 이것은 영어의 Standing Wave를 번역한 말인데 '서 있는 파동'이라는 뜻이다. 이것에 대해 〈그림 5〉에서는 당초에 오른쪽 방향으로 진행하는 파동이 있고 그것이 무언가에 의해 반사되어 왼쪽 방향으로 진행하는 파동이 생긴다고 생각했을 경우, 오른 방향으로 진행하는 파동을 진행파(進行波)라 하고, 왼쪽 방향으로 진행하는 파동을 반사파(反射波)라고 한다. 왼쪽 방향으로 진행하는 파동을 진행파, 오른 방향으로 진행하는 파동을 반사파라고 해도 되는데, 요컨대 진행파와 반사파가 동시에 존재하면 정재파가 발생한다.

진행하는 한 주기(T) 동안에 파장(A)만큼을 진행하기 때문에 파동이 진행하는 속도는 파장을 주기로 나눈 것(파장÷주기)이

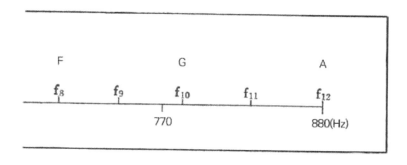

다. 주기(T)의 역수는 1초 동안에 진동하는 수이므로 진동수(振動數) 또는 주파수(周波數)라 한다. 이를테면 주기 0.1초인 줄은 1초 동안에 10회를 진동하므로 주파수는 10헤르츠(㎐)라고 한다. 주파수의 단위 헤르츠는 횟수÷초이며, 독일 사람 헤르츠(Hertz)의 이름에서 딴 것이다. 헤르츠는 처음으로 전파를 실험에 의해 확인한 사람이다.

파동의 특징을 단적으로 주파수로서 나타내는 일이 많다. 나중에 설명하겠지만 텔레비전의 전파인 VHF(초단파)나 UHF(극초단파)는 주파수를 나타내고 있다. 단파나 중파도 주파수의 이름인데 우리 눈에 보이는 어떤 주파수의 전자기파를 우리는 빛이라고 부르고 있다.

그런데 주파수로 특징을 나타내는 것이 전자기파만은 아니다. 주변에서는 음악의 도, 레, 미, 파, 솔, 라, 시, 도도 주파수를 나타내고 있다. 줄의 진동과 같은 소리의 주파수에는 12음계(音階)의 이름이 붙여져 있다(그림 6).

주파수 440㎐의 음은 A(라 음)이고 이것의 2배인 880㎐나 1/2인 220㎐도 A다.

12음계는 440㎐에서부터 880㎐까지를 12개의 등비수열(等比數列)이 되게 음의 이름을 정한 것이다. 이를테면 가장조(A장조)에서는 A가 '도'의 음이 되고 도, 미, 솔은 A, #C, E이므로 주파수의 비는 다음과 같다.

$$f_0 : f_4 : f_7 = 4 : 5.04 : 5.99$$

도, 미, 솔의 주파수의 비는 4:5:6이 되어 아름다운 화음(和音)이 되는 것으로 알려져 있는데 실제로는 아주 근소한 차이만 있음을 알 수 있다.

공기의 파동—음파

눈에 보이지 않는 파동이라도 음파는 우리의 귀에 직접 느껴지기 때문에 실감이 나는 파동이다. 이 음파는 공기의 짙은 부분과 희박한 부분이 전달되는 이른바 소밀파(疏密波)다(그림 7).

그림에서는 점이 많이 있는 곳의 공기가 짙은 부분이고 적은 곳이 희박한 부분을 가리키고 있다. 닫힌 병 속에다 벨을 집어넣고 속에 든 공기를 뽑아내어 진공으로 만들어 본다. 그러면 공기가 적어짐에 따라서 소리가 작아지고 진공에서는 전혀 들리지 않게 된다. 이 실험으로 음파는 공기의 진동으로써 전파한다는 것을 알게 된다.

음파가 전파하는 상태를 자세히 살펴보기 위해 공기 입자(실제는 산소 분자나 질소 분자의 입자이지만 여기서는 일단 입자라고 생각한다)가 눈에 보인다고 하고, 그것이 시간의 경과에 따라 어떻게 운동하는가를 보인 것이 〈그림 8〉이다. 맨 윗단은 음파가 없을 때로, 공기의 밀도가 균일하다는 것을 가리키고

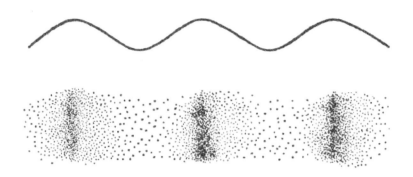

〈그림 7〉 공기의 짙은 부분과 희박한 부분이 전파하는 것이 음파

있다.

음파가 전파하고 있을 경우, 어떤 시간에서의 공기 입자의 위치를 그림의 첫 번째 단에 모형적으로 보였다. 입자는 맨 윗단의 평형을 이룬 균일한 위치에서부터 위치가 바뀌어 성기고 빽빽한 부분이 생겨 있다. 2단은 1/8주기를 경과한 때로 소밀 상태는 1/8파장만큼 오른쪽으로 이동해 있다.

9단은 한 주기가 경과한 때인데 소밀의 위치는 다시 처음으로 되돌아가 있다. 장소를 고정시켰을 때 입자 위치의 시간적 변화는 〈그림 8〉을 세로 방향으로 해서 보면 된다. 바닷물과 마찬가지로 입자는 시간적으로 진동하고 있는 것을 알 수 있다. 다만 바닷물은 원운동을 하고 있었는데 음파에서는 입자가 음파의 진행 방향으로 진동하고 있다. 파동이 진행하는 방향으로 진동하는 경우를 종파(縱波)라 하고 뒤에서 설명하듯이 전파처럼 파동이 진행하는 방향과 직각으로 진동하는 파동을 횡파(橫波)라고 구별하고 있다.

〈그림 8〉의 맨 아랫단 화살표는 그 위치의 입자 속도를 가리

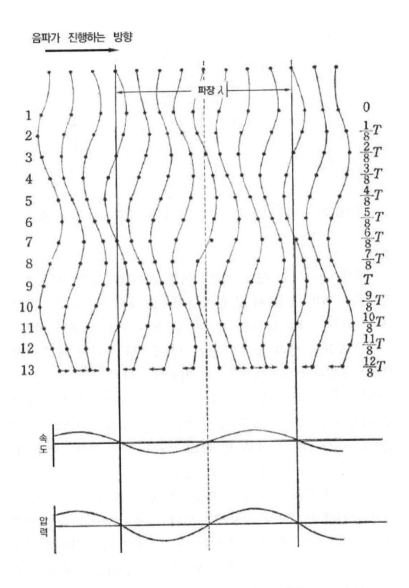

〈그림 8〉 시간에 따른 공기 입자의 변위

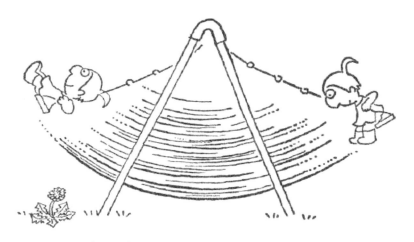

〈그림 9〉 그네는 제일 낮은 곳에서 가장 빠르다

킨 것이다. 화살표가 긴 것일수록 속도가 빠르다는 것을 뜻하고 있다. 입자가 맨 윗단의 평형 위치에서부터 변위(變位)하는 시간적 변화를 보고도 알 수 있듯이 입자는 평형점(음파가 없을 때 입자가 있는 위치)에 왔을 때 속도가 가장 빨라진다. 그네가 제일 빨라지는 것은 그네의 평형점(그네가 진동하지 않을 때 있는 위치)인 가장 낮은 위치에 오는 때라는 것과 대응하고 있다 (그림 9).

입자는 힘을 받아 갇히고 밀도가 커지면 그것에 반발해서 팽창하려고 한다. 어딘가에서 팽창하게 되면 다른 어딘가에서는 압축되어 반발력이 생긴다. 이와 같이 해서 입자가 진동하는데 밀도가 큰 곳에서는 반발력도 크다. 이 반발력을 가리켜 압력 (壓力)이라고 한다.

음파에서는 이 밀도에 비례하는 압력과 〈그림 8〉의 화살표가 가리키는 입자의 속도가 중요한 역할을 하고 있다. 음파가 진

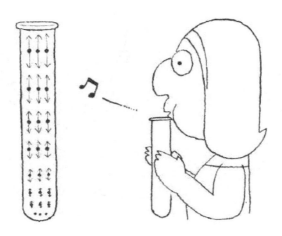

〈그림 10〉 시험관 속에서 진동하는 공기 입자

행하는 방향과 입자가 움직이는 방향이 같고, 입자의 속도가 큰 위치에서는 입자의 밀도가 크며 따라서 압력이 크다. **입자의 속도가 커지는 위치와 압력이 커지는 위치(입자의 밀도가 커지는 위치)가 같아진다는 것은 파동이 진행하기 위한 중요한 조건이다.** 〈그림 8〉의 아래쪽 그래프에 입자의 속도와 압력을 보였다. 속도는 파동의 진행 방향을 플러스로, 반대 방향을 마이너스로 했다. 압력은 음파가 없을 때의 압력(대기압이 된다)에 대해 증가한 때를 플러스로, 감소한 때를 마이너스로 하고 있다.

시험관을 세워서 피리처럼 불면 어떤 일정한 음정(주파수)의 소리가 나온다. 이것은 시험관 속 공기의 입자가 진동하고 있기 때문이며 앞에서 보인 줄의 진동과 같은 정재파 진동이다. 시험관 바닥에 있는 입자는 고정되어서 움직이지 못하지만 입구에서는 가장 큰 진폭으로 진동한다(그림 10).

줄이 진동하는 경우와 비교해 보면 시험관의 길이가 1/4 파장과 같을 때 진동하는 것을 알 수 있다. 이를테면 시험관의 길이가 10㎝일 때 파장은 4배인 40㎝가 된다. 파장과 주파수를 곱한 값이 음속(音速)인데 공기 속의 음속은 1초 동안에 약 340m이므로 이 경우에는 850㎐로 진동한다는 것을 알 수 있다. 이 진동은 대부분 시험관 속에서의 공기 진동이고 우리 귀에 들려오는 소리는 시험관의 주둥이에서 아주 작게 새어 나오는 소리다.

이와 같이 음파가 정재파 진동을 할 경우 공기 입자의 진동 상태를 시간에 따라 보인 것이 〈그림 11〉이다. 주기를 T로 하고 1/12주기마다 세로 방향으로 보였다. 맨 윗단은 입자의 밀도가 균일해지는 순간이다. 어떤 입자의 운동은 그림을 세로 방향에서 보면 되기 때문에 그림의 양 끝 및 중심 입자는 정지해 있는 것을 알 수 있다. 그림의 맨 아랫단 화살표는 입자의 속도를 나타낸 것이다. 이 경우는 입자의 밀도가 균일하기 때문에 압력은 제로, 즉 음파가 없을 때의 압력(대기압)이 된다. 이 그림 윗단에 앞에서 말한 시험관에서의 예를 적용시켜 보여주었다.

〈그림 11〉의 아래쪽에 속도와 압력의 관계를 보였다. 위쪽의 그래프는 시간이 0 또는 T인 때이고, 1단과 13단의 상태에서는 압력이 제로이다. 아래쪽 그래프는 시간이 1/4주기인 때로 입자는 4단에 보인 상태에 있다. 이 경우에 입자는 평균 위치로부터 최대로 변위해서 본래로 되돌아가는 상태에 있으므로 속도가 제로이다. 그네가 최대로 진동했을 때 속도가 제로가 되는 것과 같다.

음파의 정재파는 그네와 마찬가지로 입자의 속도가 최대가

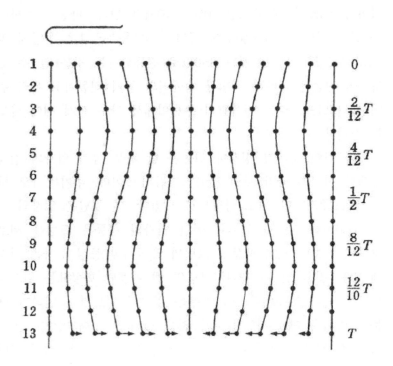

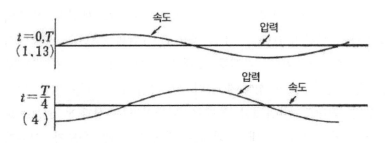

〈그림 11〉 정재파가 진동할 경우 공기 입자의 움직임

될 때 입자의 밀도가 균일해져 압력이 제로가 되고 거꾸로 압력이 최대가 될 때는 속도가 제로로 된다. 이것은 속도 에너지와 압력 에너지가 번갈아 뒤바뀌어 들어감으로써 안정된 운동이 되기 때문이다. 그네에서는 속도 에너지와 추가 높아지는 것에 의한 위치 에너지가 서로 뒤바뀌어 들어가서 안정된 운동이 되고 있는 것이다. 입자의 속도나 압력이 커지는 위치는 시간에 따라서 변화하지 않기 때문에 글자 그대로 「정해진 위치에 있는 파동」이며 진행하지 않는 파동이다.

이것에 대해 입자의 속도와 압력이 더불어 큰 곳은 말하자면 불안정한 상태에 있다. 따라서 그 장소가 이웃으로 옮겨감으로써 이웃에 있는 입자의 속도와 압력을 증가시키고, 자기 자신의 속도와 압력은 감소돼 안정되는 것이라고 여겨진다. 이것은 속도와 압력이 큰 곳이 이웃으로 이동함으로써, 즉 파동이 전파해 감으로써 비로소 안정된다는 것을 의미한다. 이것은 속도나 압력이 큰 위치가 시간과 더불어 이웃으로 진행하는 파동이 된다는 것이다.

「전파는 어떻게 해서 복사되는가?」와 마찬가지로 「전파는 왜 진행하느냐?」는 어려운 질문이다. 이 질문에 알기 쉬운 해답을 주기 위해서는 먼저 공기 속을 진행하고 있는 음파와 시험관 속에서 진동하고 있는 정재파의 차이를 아는 것이 중요하다.

파동의 속도

파동의 속도는 파동의 성질을 나타내는 중요한 값이다. 빛의 정체는 오랫동안 수수께끼에 싸여 있었으나, 빛과 같은 속도를 갖는 전기의 파동이 있다는 것을 맥스웰이 발견하게 되어 빛도

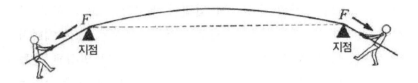

〈그림 12〉 양 끝에서부터 힘(F)으로 끌어당겨지는 줄

전자기파라는 것을 알게 되었다.

파동이 전파하는 속도는 진동하고 있는 물질의 성질에 따라서 결정된다. 이를테면, 공기 속을 전파하는 소리의 속도는 알다시피 1초 동안에 약 340m이다. 이것은 주파수에 관계없이 일정한 값이며 낮은 소리건, 높은 소리건 같은 속도로 전파한다. 진공 속을 전파하는 전자기파의 속도는 1초 동안에 약 30만 km이다. 이것도 주파수가 다르더라도 일정하다. 그러므로 라디오의 전파나 텔레비전의 전파 또는 눈에 보이는 빛도 같은 속도로 전파한다.

파동의 속도는 어떻게 결정될까? 이것은 어려운 문제인데 먼저 바이올린이나 기타 줄과 같은 경우를 예로 들어 생각해 보기로 하자. 〈그림 12〉는 진동하고 있는 줄을 나타내고 있다. 줄은 지점(支點)에서 지탱하고 양 끝에서 힘(F)으로 끌어당겨지고 있다. 이 줄의 진동이 좌우로 진행하는 화동의 합으로 나타난다는 것은 이미 앞에서 말했다.

진동하고 있는 줄은 양 끝에서 끌어당기는 힘(F)이 강하면 빨리 수평이 되려고 한다. 그런데 줄에는 질량(質量)이 있기 때문에 관성(慣性)에 따라 본래의 위치에 머물러 있으려고 한다. 줄이 재빠르게 본래의 위치로 돌아간다는 것은 주기가 작다는 것에 해당한다. 즉 파동의 속도가 크다는 것을 의미한다. 또 줄이 무거우면 본래의 위치로 돌아가는 것이 늦어지기 때문에 주기가 커지고 파동의 속도는 작아진다.

이상으로부터 파동의 속도는 F/σ에 의해서 결정되는 것이라고 생각된다. F는 양 끝을 끌어당기는 힘이고 σ는 줄의 단위길이의 질량이다. 힘의 단위는 질량(kg)과 가속도(㎧)의 곱이고 σ의 단위는 kg/m이므로 F/σ의 단위는 다음과 같다.

$$\frac{kg \cdot \frac{m}{s^2}}{\frac{kg}{m}} = (\frac{m}{s})^2$$

이것은 속도 제곱의 단위다. 실제 줄을 전파하는 파동의 속도(c)는

$$c = \sqrt{\frac{F}{\sigma}}$$

로 되어 있다. 또 길이를 미터(m), 질량을 킬로그램(kg), 시간을 초(Second, s)로 나타내는 것은 MKS 단위계(單位系)라 불리며 세계의 표준단위계이다.

실제 예로서 기타의 제5번째 줄을 생각해 보기로 하자. 줄이 튕겨지는 길이는 65㎝이므로 파장(λ)은 이것의 2배인 1.3m이다. 제5번째 줄의 무게는 1m당 약 2.5g이고, 줄은 약 20kg의 무게로 끌어당겨진다. 이것에서부터 주파수(f)는 c/λ로서, 다음과 같이 된다.

$$f = \frac{1}{\lambda} \sqrt{\frac{F}{\sigma}} = 215.4 Hz$$

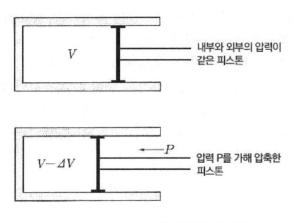

〈그림 13〉 공기의 '단단함'을 측정한다

　기타의 제5번째 줄의 음인 A는 220㎐이므로 현을 끌어당기는 힘(F)을 조정해서 A의 음으로 하는 셈이다.

　음파의 경우, 공기 입자의 진동 상태는 앞에서 보였는데(그림 8) 입자가 무거우면, 즉 공기밀도(ρ)가 크다면 진동이 느리고 주기가 커진다는 것은 줄의 경우와 같다. 따라서 밀도가 커지면 파동의 속도는 늦어진다.

　음파가 없을 때 공기 입자의 밀도는 균일하게 평형을 이루고 있다. 거기로 음파가 전파해 오면 공기 입자가 이동해서 밀도가 큰 곳과 작은 곳이 생긴다. 그러면 입자는 밀도가 큰 곳에서 작은 곳으로 이동하게끔 힘을 받는다. 즉 입자를 평형을 이루고 있던 본래의 위치로 되돌려 놓으려는 힘이 작용한다. 이것은 물체를 변형하려 할 때에 받는 힘이며 '단단한' 것일수록 큰 힘을 받는다. 이 힘이 크면 입자가 재빠르게 본래의 위치로 돌아가기 때문에 진동주기는 작아지고 파동의 속도가 커진다.

　그렇다면 공기와 같은 것의 '단단함'은 어떻게 표현하면 될까?

〈그림 13〉은 간단한 피스톤을 보인 것이다. 자동차의 공기 주입기나 물총 따위의 분출구를 막아 놓았다고 생각해도 된다. 위쪽은 피스톤에 힘이 가해지지 않았을 때로 안팎 양쪽의 압력은 같다. 아래쪽은 피스톤에 압력(P)을 가했을 경우다. 위쪽 피스톤의 부피를 V라 했을 때 아래쪽 부피는 V에서 ΔV만큼 감소했다고 하자. 부피가 감소하는 비율은 가하는 압력(P)에 비례하므로 비례상수(比例常數)를 K로 하여 다음과 같이 나타낼 수 있다.

$$P = K\frac{\Delta V}{V}$$

상수 K는 체적탄성률(体積彈性率)이라 불리며 '단단한' 것일수록 큰 값을 지니고 있다. 이 '단단한 정도'는 물질의 종류에 따라서 결정된다.

음파의 속도는 K가 크면 빠르고 밀도(ρ)가 크면 늦어진다. 즉 K는 앞에서 말한 줄을 끌어당기는 힘(F)에 대응한다. K/ρ의 단위를 살펴보면 K는 압력과 같은 힘을 면적으로 나눈 단위를 가지고 있으며 ρ는 질량을 부피로 나눈 단위를 갖는다. 따라서 K/ρ 단위는 다음과 같이 된다.

$$\frac{\frac{kg\,m}{s^2}\cdot\frac{1}{m^2}}{\frac{kg}{m^3}} = \left(\frac{m}{s}\right)^2$$

이것은 속도 제곱의 단위다. 실제로 음파의 속도는 다음과 같이 나타낸다.

$$c = \sqrt{\frac{K}{\rho}}$$

공기 속과 마찬가지로 물속에서도 음파는 잘 전파된다. 물속에서 음파가 전파하는 상태는 공기와 똑같다. 물의 분자가 진동해서 밀도가 큰 곳과 작은 곳이 생기고, 그것이 전파하는 소밀파(疏密波)다. 공기 속의 음파 속도는 초속 약 340m다. 자전거의 공기주입기와 물총을 비교해 보면 같은 부피의 몫을 압축하는 데는 물총 쪽이 더 큰 힘이 드는 걸 알 수 있다. 물은 공기에 비해 훨씬 '단단한' 물질이다. 따라서 물속의 음파는 공기 속에서보다 매우 빠른 것으로 생각된다. 그런데 물은 공기보다 밀도가 크기 때문에 속도는 그다지 커지지 않는다. '단단함'은 공기의 14,000배이고 밀도는 800배다. 이 비의 제곱근은 약 4가 되기 때문에 물속에서의 음파 속도는 공기 속의 약 4배이고 1초 동안에 1.4㎞이다.

음파와 전파

"전파가 들려서 번거롭다"고 대학에 찾아와서 상의하는 사람이 이따금 있다. 이럴 때는 늘 전파암실(電波暗室, 〈그림 14〉 참조)로 안내한다. 사진을 현상하는 암실은 외부로부터 빛이 들어오지 않지만, 전파암실은 외부에서 라디오나 텔레비전 등의 전파가 들어오지 못하게 되어 있다. 이것에 대해 음파가 들어가지 못하는 방을 무향실(無響室)이라 부르며 거기에 들어가면 너무도 조용해서 도리어 으스스한 기분조차 들 정도다. 그런데 전파가 들려와서 번거롭다고 말하는 사람에게 우선 전파암실에 들어가게 한 다음 물어보면 어김없이 암실 속에서도 전파가 들

〈그림 14〉 전파가 들어가지 못하는 전파암실

린다고 대답한다. 전파암실의 안팎의 차이를 알게 되면 깜짝 놀랄 터이지만 어쨌든 그런 사람이야말로 초능력을 지닌 사람이라고나 할 것이다.

음파는 눈에는 보이지 않으나 귀로는 느낄 수가 있다. 이것에 비해 전파는 보이지도 않는 데다 오관(五官)으로도 느낄 수가 없다. 따라서 전기의 양은 간접적으로밖에 알 수 없다. 전기의 발달 역사는 곧 전기를 측정하는 역사이기도 하다. 현재 전기의 양으로서는 전압과 전류가 가장 잘 알려져 있다.

〈그림 15〉는 평행한 두 줄의 동선 양 끝에 전지와 저항을 접속한 그림이다. 이와 같이 전지나 저항을 특정 기호로 나타내어 이것들을 실물처럼 선으로 연결한 그림을 전기회로(電氣回路) 또는 단순히 회로라고 부른다. 이 동선에는 일정한 전류가 흐르고 옴(Ohm)의 법칙으로부터 전압은 전류와 저항의 곱이라는 것이 잘 알려져 있다. 동선처럼 전류가 잘 통하는 것을 도

〈그림 15〉 전지에 저항을 접속했을 때의 전압과 전류—직류전류

체(導體)라고 한다.

여기서 일정하다는 말의 뜻은 시간에 대해 변화하지 않는 전류일 뿐만 아니라 동선의 어느 위치에서도 변화하지 않는 전류라는 것을 말하고 있다. 이와 같은 전류를 직류전류(直流電流)라고 하며 직류전류를 발생시키는 대표적인 것이 전지(電池)다. 전지와 같이 전류나 전압을 발생시키는 것이 전원(電源)이다.

각 가정으로 들어오는 전압이 100V인 전원은 방금 말한 직류와는 다른 교류(交流)이다. 교류전원은 〈그림 16〉에 보인 기호로 나타낸다. 교류의 전압은 그림에 보였듯이 시간적으로 「진동」하고 있다. 진동의 주기(T)는 약 0.016초이므로 주파수는 그것의 역수로 60㎐다.

〈그림 17〉에 보인 것과 같이 두 도선의 양 끝에 교류전원과

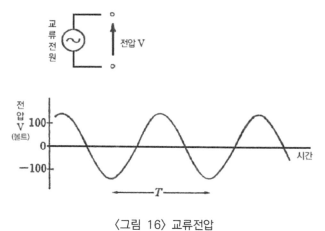

〈그림 16〉 교류전압

A. 교류회로

B. 교류전류와 전압의 변화

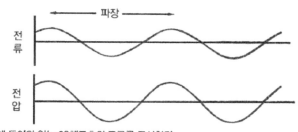

C. 가정에 들어와 있는 60헤르츠의 교류를 도시하면

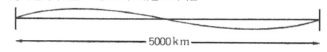

〈그림 17〉 교류에서는 위치에 따라 전류나 전압의 값이 달라진다

저항을 접속했다고 하자. 이때 도선에 흐르는 전류와 도선 사이의 전압은 아래에 보인 그래프처럼 된다. 왜 이와 같이 되는가에 대해서는 나중에 설명하기로 하고 여기서는 우선 결과만을 제시해 둔다.

전기가 진행하는 속도는 나중에 자세히 살펴보게 되겠으나 빛과 같아서 1초 동안에 약 30만 ㎞다. 주파수가 60㎐인 때의 파장은 30만 ㎞를 60으로 나눠서 5,000㎞가 된다(〈그림 17〉의 C).

따라서 실제의 파장에 맞추어서 그림으로 그린다고 하면 그림에서의 도선 길이는 10,000㎞가 된다. 텔레비전 방송의 주파수처럼 100메가헤르츠(㎒: 1억 ㎐)인 때의 파장은 3m가 되어 그림에 보인 전류나 전압이 신변에서 일어나는 흔한 현상이 된다.

〈그림 17〉을 음파가 진행하는 상태를 보인 〈그림 8〉과 비교해 보면 전류와 전압은 음파에서의 입자 속도와 압력의 관계를 닮았다. 같은 위치에서 전류와 전압이 커지면 파동으로서 진행한다는 것 등은 음파와 똑같다. 음파가 무엇이냐는 것은 공기 입자의 진동을 앎으로써 이해할 수 있었다. 그와 마찬가지로 전기의 파동인 전자기파를 이해하기 위해서는 전파에서 무엇이 어떻게 진동하고 있는가를 알아야 한다. 그리고 그것을 위해서는 전기와 자기를 알아야 할 필요가 있다.

2장
전기를 관찰한다

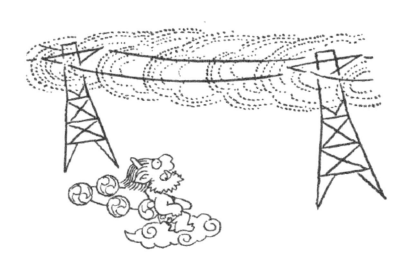

이상하게 생각하지 않는 중력

몇 번이나 말했듯이 전기의 특징은 눈에 보이지 않는다는 점이다. 학생 시절에 선생님이나 선배께서 「기계나 건축 따위는 눈에 보이지만 전기는 눈에 보이지 않기 때문에 이해하기 힘들다」는 투로 은근히 어려운 학문을 전공하고 있는 것에 대한 자랑 섞인 말을 들은 적이 있다. 눈에 보이지 않는 전류가 전선 속을 흐르고 있는 것을 실감하게 하는 것이 전기공학(電氣工學)에 관한 교육이다.

음파도 육안으로는 볼 수가 없다. 그러나 공기 '입자'의 크기는 대충 10^{-7}㎜이므로 10만 배의 전자현미경을 사용하면 진동하고 있는 입자의 덩어리를 볼 수 있을 것이다. 설사 입자의 운동을 볼 수 없다고 하더라도 병 속에 벨을 집어넣고 공기를 뽑아내어 진공으로 만들면 소리가 들리지 않게 된다는 실험 등으로부터 소리가 공기의 진동이라는 것을 상상할 수가 있다. 그런데 전기의 파동인 전파는 아무것도 없는 진공 속이라도 전파해 간다.

전파와 마찬가지로 눈에는 보이지 않으면서도 진공 속에서도 그 효과가 전해지는 것에는 인력(引力)이 있다. 만유인력의 법칙으로부터 질량 M, m인 두 물체 사이에 작용하는 힘(F)은 다음과 같다.

$$F = G\frac{Mm}{r^2}$$

r은 두 물체 사이의 거리이고 힘이 거리의 제곱에 반비례하는 데서 「역제곱의 법칙」이라 불리는 유명한 법칙이다. G는 만유인력상수(萬有引力常數)라 불리는 상수로 $G=6.67\times10^{-11}$(N㎡

/kg³)의 값을 지니고 있다. 이를테면 질량 1킬로그램의 물체가 1미터 떨어져 있는 경우의 인력은 다음과 같다.

$$F = 6.67 \times 10^{-11}(N)$$

여기서 힘의 단위인 〔(킬로그램)×(미터)÷(초의 제곱)〕은 뉴턴(N)이라고 불린다. 지상에서의 1킬로그램의 무게는 질량 1(킬로그램)과 중력(重力)가속도 9.8(미터÷초의 제곱)의 곱이므로 약 10(뉴턴)의 힘과 같다. 1뉴턴의 힘은 대충 100그램의 무게와 같으므로 앞에서 구한 인력은 매우 작은 힘(약 1억 분의 1그램의 무게)인 것을 알 수 있다.

지구처럼 구형(球形)인 물체가 있을 때 그 주위에 있는 작은 물체는 구의 중심으로 향하는 인력을 받는다. 인력은 눈에는 보이지 않으나 거기에 물체를 두면 힘을 받기 때문에 인력이 있다는 것을 알게 된다. 인력이 있는 것을 한눈에 알 수 있게 하기 위해 고안된 것이 역선(力線)이다. 〈그림 18〉은 구형의 물체에 대한 역선을 그린 것인데 모든 것이 구의 중심으로 향하는 직선으로 나타내진다.

구의 중심으로 향하는 역선이 전부 N개가 있다고 하자. 구의 중심으로부터 반지름이 r인 구의 표면적은 $4\pi r^2$이므로 그 구의 표면 위 역선의 면밀도(面密度)는 역선의 수를 표면적으로 나눈 $N/4\pi r^2$이 된다.

이것은 인력과 같으며 거리의 제곱에 반비례하고 있다. 이 역선은 질량이 M인 물체에서 발생하고 그 수 N은 $4\pi GM$과 같다고 하자. 이와 같이 정해진 역선으로부터 다음의 것을 알 수 있다.

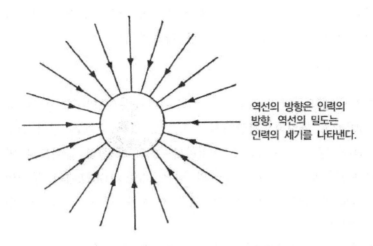

역선의 방향은 인력의 방향, 역선의 밀도는 인력의 세기를 나타낸다.

〈그림 18〉 만유인력을 나타내는 역선

(1) 인력의 방향은 역선의 방향으로 한다.

(2) 인력의 세기는 역선의 밀도와 자신의 질량(m)의 곱으로 한다.

〈그림 18〉과 같이 한 개의 구일 경우 역선은 간단하고 또 역선의 고마움도 그다지 없다. 그러나 지구와 달처럼 공간에 두 물체가 있을 때의 인력이라면 그리 간단하게는 알 수가 없다. 〈그림 19〉에 보였듯이 질량이 M_1, M_2, m인 세 물체가 있을 경우의 인력을 생각해 보기로 하자. 지구, 달, 인공위성의 관계라고 생각해도 좋다. 질량이 m인 물체에는 그림에 보인 것과 같이 두 힘 F_1과 F_2가 작용한다. 전체 힘은 힘의 합성으로서, 평행사변형의 대각선이 가리키는 힘(F)이 되는 것을 금방 알 수 있다.

질량이 M_1과 M_2인 두 물체가 만드는 역선은 방향이 F의 방향이고 역선의 밀도는 F의 크기에 비례하는 것이어야 한다.

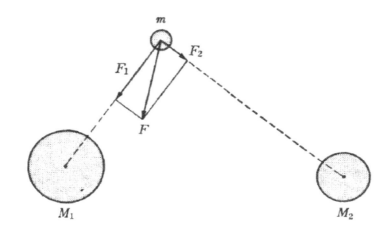

〈그림 19〉 두 물체로부터의 인력은 힘의 합성(평행사변형의 대각선)에서
구해진다

〈그림 20〉은 이와 같이 해서 구한 역선을 보인 것이다. 두 물
체의 질량의 합을 100이라고 할 때 왼쪽 물체의 질량이 80,
60, 50인 때의 역선을 보였다. 〈그림 18〉에서는 질량이 100일
때의 한 물체에 대한 역선을 보였던 것이다.

역선의 밀도는 인력에 비례하고 인력은 질량에 비례하기 때
문에 전체 역선의 수는 질량에 비례해야 한다. 그림에도 그렇
게 그려져 있다. 〈그림 18〉에서는 질량이 100이므로 역선은
20개이고, 〈그림 20〉의 윗단은 질량이 80과 20이므로 역선은
16개와 4개로 되어 있다. 마찬가지로 가운데 단은 질량이 60
과 40이므로 역선은 12개와 8개로, 아랫단은 양쪽 질량이 같
기 때문에 양쪽이 각각 10개로 되어 있다. 실제 역선 수는 물
체로부터 입체적으로 사방으로 확산하는 전체 역선 수이므로
여기서는 평면 내의 역선 수를 가리키고 있다.

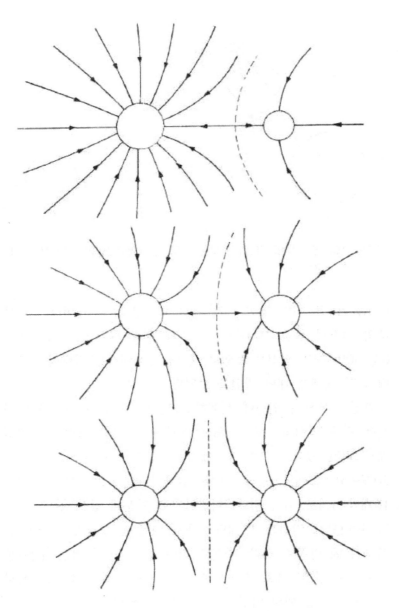

〈그림 20〉 질량이 다른 두 물체가 만드는 역선

〈그림 20〉의 점선은 두 물체 사이에 있는 제3의 물체가 천천히 낙하할 때 어느 쪽 물체로 떨어지는가 하는 경계다. 지구의 인력권(引力圈)이나 달의 인력권이라고 일컬어지는 것의 경계다. 이와 같은 그림에 의해 인력의 방향이나 세기를 직관적으로 알 수가 있다. 두 물체가 있을 때 그 질량의 비로부터 그림과 같은 역선을 머릿속에 그려낼 수 있다면 만유인력에 대해서는 '잘 알았다'고 말할 수 있을 것이다.

전하와 힘

습도가 많은 곳에서는 그런 일이 적지만 그래도 호텔 등에서 셔츠를 벗은 뒤에 어쩌다가 문손잡이에 닿거나 하면 쇼크가 일어나는 일이 있다. 책받침으로 옷을 문질러 종잇조각을 끌어당기는 따위의 일은 흔히 경험하는 실험이지만 이것을 이상하다고 생각하느냐 그렇지 않느냐는 것은 중대한 갈림길이 된다. 고대의 그리스 사람은 물체를 끌어당기는 것이 '생명'이 깃들어 있기 때문이라고 생각했다. 이 '생명'을 추궁해 나가서 전기에 다다른 것이다.

마찰전기를 잘 일으키는 호박(琥珀)은 그리스어의 전기의 어원(語源)인 「일렉트릭(Electric)」이다. 이 마찰전기는 물체를 마찰한 뒤에 물체 사이에 힘이 작용하는 것에서 착상되었다. 이 힘이 일어나는 원인을 조사하는 데서 전기에 관한 가장 기초적인 학문인 전자기학(電磁氣學)이 시작되었다.

물체에 작용하는 힘을 조사하는 것에서부터 역학(力學)이 시작되는데, 역학의 물체에 대응하는 것이 전자기학의 전하(電荷)이다. 전하는 전기에 관한 현상의 근본이 되는 것이다. 물체는

왜 존재하는가 하는 의문은 역학 이전의 철학(哲學)이나 종교의
문제이고, 역학에서는 물체의 존재를 모든 전제로 삼는다. 마찬
가지로 전자기학에서는 전하가 있다는 것을 전제로 하고 있다.

　전하에 대해서도 만유인력과 마찬가지로 「역제곱의 법칙」, 이
른바 쿨롱의 법칙이 성립한다는 것이 1785년에 쿨롱(Coulomb)
에 의해서 발견되었다. 뉴턴(Newton)에 의한 만유인력의 발견으
로부터 100년 뒤의 일이다. 전하인 Q와 q가 어떤 거리(r)만큼
떨어져 있는 경우, 전하 사이에 작용하는 힘(F)은 다음과 같다.

$$F = \frac{Qq}{4\pi r^2 \epsilon}$$

　ϵ는 유전율(誘電率)이라 불리며 전하가 있는 공간의 성질에
따라서 결정되는 상수다. 진공 속의 유전율은 8.85×10^{-12}
(F/m)이다. 이것은 정전용량(靜電容量)의 단위인 패럿(Farad)을
거리(m)로 나눈 단위를 가지는데 자세한 설명은 뒤로 미루기로
한다.

　전하량(電荷量)을 나타내는 1쿨롱은 1암페어의 전류가 1초 동
안 흘러서 저장되는 전하의 양이다. 1쿨롱의 전하가 1미터 떨어
져 있는 경우의 힘은 90억 뉴턴이 된다. 이것은 약 90만 톤
의 무게에 해당한다. 1암페어의 전류가 1,000분의 1초 동안
흘러서 저장되는 전하량이 1미터 떨어져 있는 경우에도 쿨롱힘
은 900킬로그램의 무게가 된다. 전하량 1쿨롱과 질량 1킬로그
램을 직접 비교할 수는 없으나 1킬로그램의 질량이 1미터 떨어
져 있을 경우의 만유인력이 1억 분의 1그램의 무게인 것과 비
교한다면 전하에 작용하는 힘은 엄청날 만큼 차이가 크다.

　쿨롱의 법칙과 만유인력의 법칙은 힘이 작용하는 메커니즘이

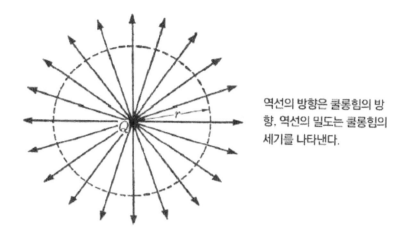

역선의 방향은 쿨롱힘의 방향, 역선의 밀도는 쿨롱힘의 세기를 나타낸다.

〈그림 21〉 전하(Q)로부터 발생하는 Q/ε개의 전기력선

다른데도 불구하고 그 식은 똑같은 형태로 되어 있다. 따라서 두 전하 사이에 작용하는 힘을 생각할 경우에는 인력의 경우와 마찬가지로 역선을 생각할 수 있고 역선은 다음과 같이 그려지는 것으로 한다.

⑴ 힘의 방향은 역선의 방향으로 한다.

⑵ 힘의 세기는 역선의 밀도와 자신의 전하상의 곱으로 한다.

〈그림 21〉은 전하(Q)에 의해 만들어지는 역선을 그린 것이다. 앞에서 보인 쿨롱의 법칙은 다음과 같이 고쳐 쓸 수가 있다.

$$F = qE, \quad E = \frac{Q}{4\pi r^2 \epsilon}$$

조건 ⑵로부터 E는 역선의 밀도여야 한다. 〈그림 21〉의 점선이 가리키듯이 전하(Q)를 중심으로 하는 반지름(r)인 구의 면적

은 $4\pi r^2$이다. 따라서 E가 역선의 밀도이기 위해서는 전하(Q)로
부터 Q/ε개의 역선이 발생하고 있는 것이 된다.

이와 같은 역선은 인력의 역선과 구별해서 전기력선(電氣力
線)이라 부르고 전기력선의 면적밀도(E)를 그 점의 전계(電界)라
고 한다. 전계(E)는 그 점의 단위면적을 통과하는 전기력선의
수라고도 말할 수 있다. 전기력선이나 전계는 이제부터 자세히
설명하게 될 전자기파를 이해하기 위한 가장 중요한 생각이다.

만유인력의 법칙에서는 그 이름이 가리키듯이 인력뿐이지만
전하에서는 양전하(陽電荷)와 음전하(陰電荷)가 있기 때문에, 쿨
롱의 법칙에서는 같은 부호의 전하에서는 척력(斥力)이 되고,
부호가 다른 전하에서는 인력이 된다. 전자기학과 역학은 비슷
한 부분이 많지만 본질적으로 다른 점은 음전하가 있는데도 음
의 질량은 없다는 점이다. 만약에 음의 질량이 있다고 한다면
보이지 않는 전기는 보이는 역학으로부터 쉽게 유추(類推)될 수
있기 때문에 전자기파도 한결 이해하기 쉬운 파동이 되었을 것
이 틀림없다.

세 개의 전하 Q_1, Q_2, q가 있을 때 전하(q)에 작용하는 힘을
구하는 문제에서 두 전하 Q_1과 Q_2가 만드는 전계를 E라고 하
면 qE가 구하는 힘이 된다. Q_1과 Q_2가 같은 부호일 경우 전기
력선은 〈그림 20〉에 보인 역선과 같은 형태가 된다. 그리고 전
하(q)의 부호가 Q_1, Q_2와 같을 때는 척력이 되고 다를 때는
인력이 된다.

다음 〈그림 22〉는 전하(Q_1)가 양이고 Q_2가 음일 때에 양전
하(q)에 작용하는 힘을 보인 것이다. Q_1과 q에 작용하는 힘은
척력(F_1)이 되고 Q_2와 q에 작용하는 힘은 인력(F_2)이 된다. 전

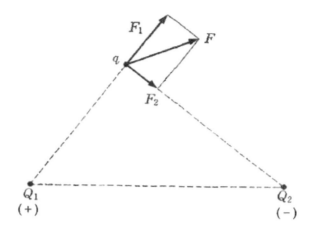

〈그림 22〉 두 전하 Q_1(양), Q_2(음)와 전하 q(양)에 작용하는 쿨롱힘

체의 힘(F)은 이것들의 합성이며 평행사변형의 대각선이 된다. 이 F로부터 Q_1과 Q_2가 만드는 전기력선을 구할 수가 있다.

〈그림 23〉은 이 경우의 전기력선을 보인 것이다. 전하량은 윗단이 80과 20이고 가운데 단이 60과 40, 아랫단이 50과 50이며 부호는 왼쪽이 양, 오른쪽이 음이다. 전하량 100인 한 개의 전하가 만드는 전기력선은 앞의 〈그림 21〉에서 살펴보았다. 모든 경우에 이와 같은 전기력선을 그린다는 것은 지극히 중요한 일로서 전기는 눈에 보이지 않기 때문에 전자기파를 '안다'는 것은 이 전기력선을 먼저 상상할 수 있어야 한다는 것이기도 하다.

콘덴서

전하를 저장해 두는 것에는 라이덴병(Leyden Jar)이 있다. 쿨롱의 법칙이 발견되기 40년 전에 네덜란드의 라이덴대학에서

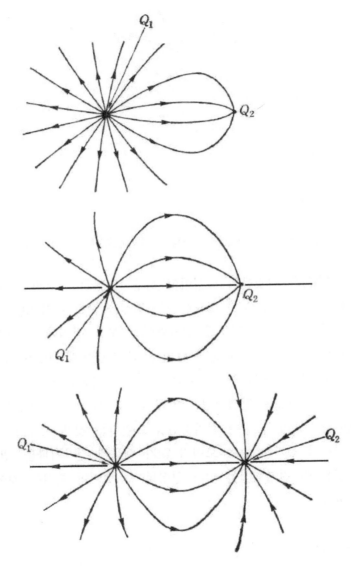

〈그림 23〉 크기가 다른 두 전하 Q₁(양)과 Q₂(음)가 만드는 전기력선

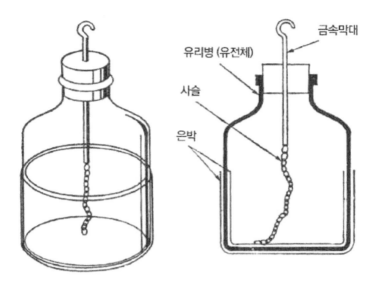

〈그림 24〉 전하를 저장하는 라이덴병

고안되었다. 액체를 저장하는 데 사용하던 병을 전하의 저장에
다 사용한다는 발상은 무척 흥미롭다. 본래는 병 속의 액체에
전하를 '스며들게 하는' 것에서부터 착상되었다. 결과적으로는
처음 예상과 크게 달라져서 그림에서와 같이 병의 안팎에다 은
박(銀箔)을 바른 구조가 되었다. 전하는 병뚜껑에 삽입된 도체
막대로부터 끌어내고 있다(그림 24).

　라이덴병은 전하를 저장하기 때문에 축전기(蓄電器, Condencer)
라고 불린다. 현재의 콘덴서는 기름종이 양쪽에다 알루미늄박을
바른 것이 많다. 콘덴서는 전하나 전계 및 전압의 관계를 조사
하기 때문에 극히 중요하며 맥스웰은 이 콘덴서를 연구한 것을
실마리로 삼아 빛이 전자기파라는 것을 발견하게 되었다.

　〈그림 25〉는 두 장의 평행 도체판으로 구성된 콘덴서다. 이

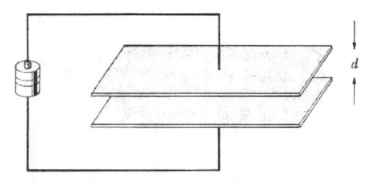

〈그림 25〉 전압이 걸려 간격이 d인 평행 도체판

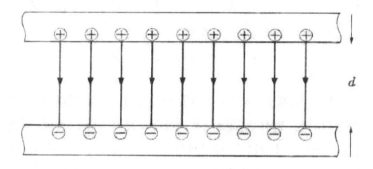

〈그림 26〉 도체판 사이의 전기력선

도체판에는 건전지가 접속되어 있다. 간격이 d인 도체판에는 전압이 걸려 있기 때문에 전하가 유도되는데 위 도체판에는 양전하(+Q)가, 아래 도체판에는 음전하(-Q)가 유도된다. 이 회로 전체에서는 처음에는 전하가 없기 때문에 한쪽에 전하(+Q)가 유도되면 다른 쪽은 -Q가 되어야 한다.

전지의 전압(V)이 커지면 유도되는 전하량(Q)도 많아진다. Q는 V에 비례하기 때문에 비례상수를 C로 해서 Q=CV로 나타낼 수 있다.

비례상수가 크면 적은 전압으로도 많은 전하를 저장할 수 있으므로 C를 콘덴서의 용량(容量)이라고 한다.

〈그림 26〉은 〈그림 25〉의 도체판 일부를 확대해 보인 것이다. 앞에서 설명한 대로 전하 Q(쿨롱)로부터는 Q/ϵ개의 전기력선이 발생한다. 전하가 도체판에 균일하게 분포되어 있다고 하면 〈그림 26〉에서 보였듯이 전기력선도 균일하게 발생한다.

도체판의 면적을 S라 하면 단위면적당 전기력선의 수인 전계 E는 다음과 같이 된다.

$$E = \frac{\sigma}{\epsilon},\ \sigma = \frac{Q}{S}$$

σ는 전하의 밀도로 도체판 위에서의 단위면적당 전하량이다.

그런데 도체판 사이 공간에서의 전압에 대해서는 어떻게 생각해야 할까? 이를테면 아래 도체판에 0볼트, 위 도체판에 10볼트의 전압이 걸린 경우를 생각해 보자. 〈그림 27〉은 예상되는 전압을 그린 것이다. 윗단의 그림은 도체판 사이가 0볼트이고 위 도체판 바로 곁에서 10볼트가 된다. 가운데 단은 아래 도체판에서 떨어져 나가면 금방 10볼트가 되고 위 도체판에 연결된다. 아랫단에서는 조금씩 전압이 올라가서 위 도체판에 도달하여 10볼트가 된다.

이들 가운데서 가장 자연스러운 사고방식은 아랫단이라고 생각된다. 이 전압이 조금씩 바뀐다고 하는 것은 중요한 사고방식이다. 이를테면 가운데 단의 그림에서는 위 도체판의 전압이 10볼트인 것의 영향이 도중의 공간을 통과해서 밑에 있는 도체판까지 직접적으로 미쳐 있다. 이것에 대해 전기나 중력의 영향

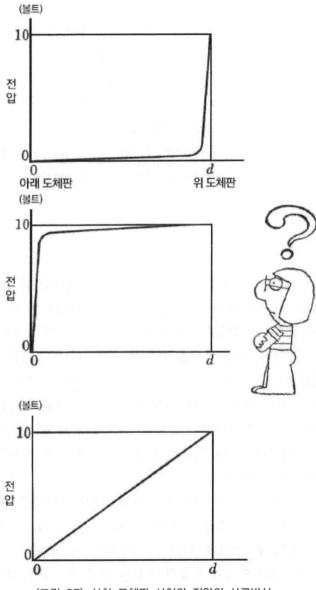

〈그림 27〉 상하 도체판 사이의 전압의 사고방식

은 가까운 데에서부터 차츰차츰 멀리 미쳐 나간다는 것이 아랫단에서의 사고방식이고 현재는 이 생각이 옳다고 알려져 있다.

아랫단의 그림에서 전압은 위 도체판에 접근함에 따라서 커지고 또 장소가 정해지면 그 위치의 전압이 결정된다.

자연계에서는 어떤 값이 장소에 따라서 결정되는 예가 많다. 대표적인 것으로는 해면으로부터의 높이, 즉 표고(標高)가 있다. 장소가 결정되면 그 위치의 표고가 결정되어 지도에 땅의 형상을 등고선(等高線)으로 나타내고 있다. 이를테면 등고선이 〈그림 28〉과 같이 되어 있는 땅은 기울기가 균일한 빗면이라는 것과 빗면의 높이가 10미터라는 것 등을 쉽게 상상할 수 있다. 가로 방향의 거리(d)가 100미터라면 빗면의 기울기는 10분의 1이라는 것도 알 수 있다.

전압도 장소에 따라 결정되기 때문에 표고처럼 생각할 수가 있다. 전압의 경우는 등고선 대신 등전위선(等電位線)이라고 한다. 전압과 전위는 같은 뜻이지만 전위는 표고에 해당하고 전압은 표고의 차, 즉 전위차(電位差)를 뜻하는 경우가 많다. 〈그림 27〉 아랫단의 경우 등전위선은 〈그림 28〉의 등고선과 같아진다는 것을 알 수 있을 것이다.

이를테면 가로 방향의 거리(d)가 1미터일 때는 등고선의 기울기와 똑같이 생각해서 1미터를 진행하면 전위가 10볼트 상승하므로 전위의 기울기가 10(V/m)이라고 한다. 실은 이 전위의 기울기는 앞에서 구한 전기력선의 밀도인 전계와 같은 것이다. 거리 d미터만큼 진행해서 전위가 V볼트 상승했을 때의 전계(E)는 다음과 같다.

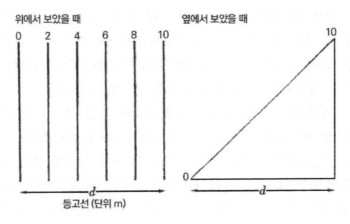

위에서 보았을 때　　　　옆에서 보았을 때

0　2　4　6　8　10

d

등고선 (단위 m)

〈그림 28〉 등고선의 한 예

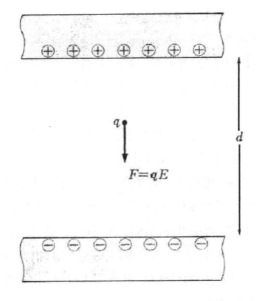

q

$F=qE$

d

〈그림 29〉 도체판 사이의 전압과 전계

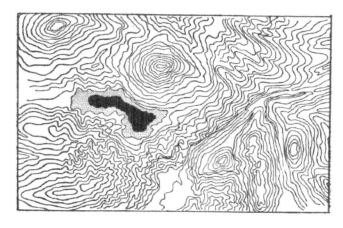

〈그림 30〉 지도의 등고선의 한 예

$$E = \frac{V}{d}$$

〈그림 29〉와 같이 콘덴서 사이에 전하(q)를 두면 q가 받는 힘(F)은 qE가 된다. 이 전하를 아래 도체판으로부터 위 도체판까지 이동시키는 데 필요한 에너지는 힘과 거리의 곱이므로 qEd가 된다. 이 에너지는 전하가 전압(V)만큼 높아졌을 때 얻어지는 에너지(qV)와 같다. 이것에서 E=V/d가 되어 전계는 전압의 기울기라는 것을 알 수가 있다.

자연의 법칙은 단순하다

전계를 가리켜 영어로는 'Electric Field(전기의 들판)'라고 한다. 〈그림 30〉에 지도의 등고선의 한 예를 보였다. 이것으로부터 높은 산이나 깊은 골짜기를 상상할 수 있을까? 이것이 등전위선이라면 등전위선에 직각인 방향이 전기력선의 방향(전계

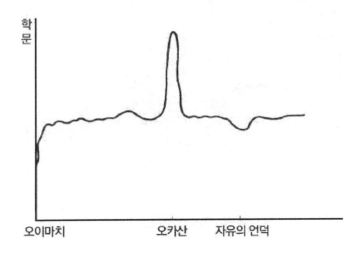

〈그림 31〉 장소에 따라 결정되는 학문의 양

의 방향)이다. 바꿔 말하면 비가 왔을 때 물이 흘러가는 방향이 전하를 두었을 때 움직이기 시작하는 방향이기도 하다.

물리학에서는 전계를 가리켜 전기장(電氣場)이라고 하는데 영어로도 마찬가지다. 「대학은 학문의 장(場)」이라고 한다. 이것은 좀 어려운 표현인 듯 보이지만 요컨대 「대학은 학문을 하는 장소」라는 말과 같다. 학문이라는 양이 장소에 따라서 결정될 때 그 공간을 학문의 장 또는 학문계(學問界)라고 생각할 수 있다.

내가 근무하는 대학은 도쿄(東京)의 오이마치선(大井町線)이라는 민영 철도의 오오카야마역(大岡山驛)에 있다. 그 때문에 '장'에 대한 이야기가 나오면 〈그림 31〉을 내보이며 설명하고 있다. 그 뜻은 여러분이 그림을 보시면 알 것이다.

그런데 〈그림 25〉에 보인 콘덴서 도체판 위의 전하는 Q_ε

ES(εE는 전하밀도, S는 도체판의 면적)가 되어 이것은 CV=CE×d와 같으므로 콘덴서의 용량(C)은 다음과 같이 나타낼 수 있다.

$$C = \frac{\epsilon S}{d} \, (F)$$

용량의 단위는 〈(쿨롱)÷(볼트)〉인데 새로이 패럿(F)이라는 이름이 붙여졌다. 이것은 전기에 관한 많은 업적을 남긴 패러데이(Faraday)에서 연유하고 있다. 용량의 단위(F)를 사용하면 유전율(ε)의 단위는 패럿을 미터로 나눈 (F/m)가 된다.

전기력선이나 전계는 전파를 이해하기 위한 중요한 개념이므로 여기에서 지금까지의 결과를 일단 정리해 두기로 한다.

⑴ 전하(Q)는 Q/ε개의 전기력선을 발생한다. ε는 유전율이다.

⑵ 전기력선의 면적밀도가 전계(E)다.

⑶ 전하(q)는 이 전하가 없을 때의 전계를 E라 할 때 qE의 힘을 받는다.

⑷ 전계는 전압의 기울기이기도 하다.

이 사실이 성립하는 것은 전적으로 「역제곱의 법칙」이 성립하기 때문이다. 즉 전하(Q)가 만드는 전계(E)는

$$E = \frac{Q}{4\pi r^2 \epsilon}$$

로 나타내고 $4\pi r^2$이 구의 면적이 되기 때문이다.

쿨롱의 법칙도 만유인력의 법칙과 마찬가지로 왜 거리의 제곱에 반비례하는 것일까? 왜 거리의 2.5제곱이나 1.9제곱으로

는 반비례하지 않을까? 생각해 보면 이상하다. 만약에 거리의 제곱이 아니라면 전기력선은 도중에서 없어지거나 새로이 발생해서 매우 복잡해질 것이다. 「역제곱의 법칙」이 성립한다는 것은 자연을 지배하는 법칙이 근본적으로는 단순하다는 것을 가리키고 있는 듯이 생각된다. 신(神)이 가장 단순한 「역제곱의 법칙」을 만들어 주었으므로 전기력선이나 전계를 모르는 것은 신에게 미안한 일이 아닐 수 없다. 그러나 이것을 알았다고 해서 자연의 모든 것을 다 알게 된다는 것은 아니다. 학생들로부터 "왜 전하 사이에 힘이 작용하느냐?"는 질문을 받은 적이 있다. 이럴 때는 다음과 같이 대답하곤 한다. "나도 그걸 모른다. 다만 자네가 평소에 물체가 아래로 떨어지는 것은 조금도 이상하게 생각하지 않으면서 전하 사이의 힘만을 이상하게 생각하는 것은 비겁한 일이다"라고.

논어(論語)에 이런 글귀가 있다.

「어떤 것을 알고 있고, 어떤 것을 알지 못하고 있는가를 확실히 구별할 수 있는 것, 그것이 정말로 아는 것이다.

(知之爲知之, 不知爲不知, 是知也)」

여러 가지 전류

고대 그리스 시대로부터 시작된 전기의 역사는 꽤 오래되었다. 처음에는 마찰전기의 시대였다. 18세기가 되어 개구리 다리에 서로 다른 종류의 금속선, 이를테면 구리와 아연을 고리 모양으로 해서 접속하면 개구리 다리가 경련을 일으키는 것을 이탈리아의 갈바니(Galvani)가 발견했다. 이것은 금속선에 전류

가 흘렀기 때문이며 전류가 흐르는 현상을 갈바니즘(Galvanism)이
라고 불렀다. 그 후 볼타(Volta)가 개구리 다리 대신 묽은 황산
을 사용하여 전지를 발명했다.

  전지를 사용하게 되자 언제라도 전류를 끌어낼 수 있게 되어
전기가 크게 발전했다. 눈에 보이지 않는 전기 중에서 전류는
측정하기 쉬운 양으로서, 다음의 3장에서 설명하는 자기(磁氣)
는 이 전류에 의해 만들어진다. 이와 같이 전류는 중요한 양인
데, 나는 전자기파를 가르칠 때는 늘 '전류에는 어떤 종류가 있
는가?'에서부터 시작하고 있다. 나중에 설명하게 될 변위전류
(變位電流)와 밀접한 관계가 있기 때문이다.

  (1) 전도전류   전지와 저항을 도선으로 접속하면 전류가 흐
른다(그림 15). 구리나 알루미늄 등 전기가 잘 통하는 것이 도
체이고, 니크롬선 등과 같이 전기가 통하기 어려운 도체가 저
항이다. 도체는 한마디로 말해서 자유로이 움직일 수 없는 전
자(電子)가 내부에 꽉 차 있는 물체다. 〈그림 32〉의 윗단에 보
였듯이 도체 내부에는 양전하를 가지고 고정되어 있는 원자핵
(原子核)과 음전하를 가지고 자유로이 움직일 수 있는 전자가
같은 수만큼 있으며 전체로서는 전하를 가지고 있지 않다. 전
자는 음전하를 지니며 전하량은 e로 나타내는 것이 보통이다.

  이 도체에 전지를 접속한다. 도체에는 전압이 가해지기 때문
에 도체 내부에는 전압의 기울기인 전계(E)가 생기고, 전계는
eE의 힘을 받아 각각의 전자가 오른쪽 방향으로 조금씩 이동한
다(〈그림 32〉의 아랫단). 그 결과 왼쪽 끝에서 오른쪽 끝까지
전자가 이동해서 전류가 흐르게 된다. 이 경우 전류의 방향은

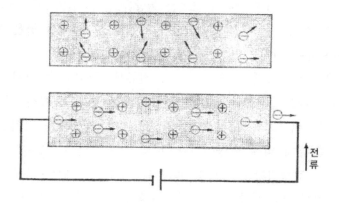

〈그림 32〉 도체 내부의 원자핵(⊕)과 전자(⊖). 도체에 전압을
가하면 전자는 오른쪽 방향으로 이동한다(아래)

전자의 움직임과는 반대로 우에서 좌로 흐르는 것으로 정해두
고 있다. 전자는 실제로는 이동하지 않지만 결과적으로 밀려난
형태로 흐르는 전류를 전도전류(傳導電流)라 한다.

굵은 철사 등의 금속막대 끝을 풍로 따위로 가열하면 손끝까
지 뜨거워진다. 가열된 끝에서부터 다른 쪽으로 열이 전도하기
때문이다. 이 현상은 물체는 조금도 이동하지 않고 열만 전도
한다. 이것이 열전도(熱傳導)다. 도체에 흐르는 전류에서는 전자
가 조금은 이동하지만, 거의 이동하지 않는다 하더라도 긴 도
선에는 전류가 흐른다. 이것을 전도전류라고 말하는 것은 열전
도와 닮았기 때문인데 가장 일반적인 전류이다. 〈그림 32〉는
도체의 일부를 확대해서 전자의 상태를 보인 것이다. 전지와
접속한 도선에도 이와 똑같은 전도전류가 흐르고 있다.

(2) 대류전류   텔레비전의 브라운관 속에는 전자를 방출하는

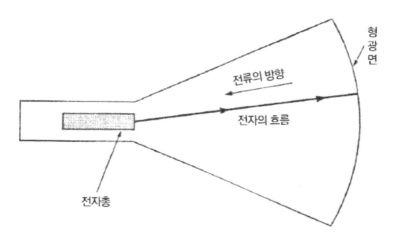

형광면

전류의 방향

전자의 흐름

전자총

〈그림 33〉 브라운관 속에서는 전자가 흐르며 대류전류가 흐르고 있다

전자총(電子銃)과 그 전자가 충돌해서 번쩍이는 형광면이 있다. 전자총과 형광면 사이에 전압이 가해지면 전자의 흐름이 발생하고 그 결과로 전류가 흐른다. 이와 같은 전류는 전자가 공간을 실제로 흘러가서 생기기 때문에 대류전류(對流電流)라고 한다.

태양 때문에 대지가 가열되면 지표(地表)의 공기가 따뜻해지고 위로 올라가서 찬 공기를 데워준다. 이것이 공기의 대류(對流)이며, 대류에 의해서 열이 지표로부터 상공으로 이동한다. 대류에 의한 열의 이동은 열을 날라다 주는 공기가 실제로 이동하고 있는 것이다. 이것과 마찬가지로 브라운관 속에서는 전하를 나르는 전자가 실제로 이동해서 전류를 흘려보내기 때문에 대류전류라고 불린다. 공기가 있는 곳에서 전자는 공기 분자와 충돌해서 이동이 힘들다. 이 때문에 대류전류는 진공 속을 흐르게 하는 경우가 많다. 진공관 속을 흐르는 전류도 이 대류전류다.

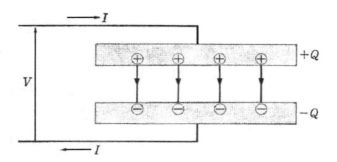

〈그림 34〉 콘덴서에 걸리는 전압이 변화해서 흐르는 전류(I)

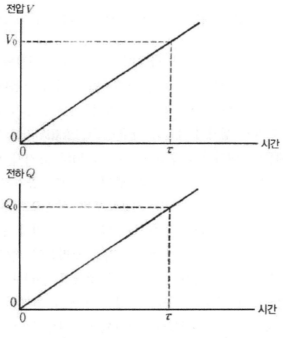

〈그림 35〉 콘덴서에 걸리는 전압(V)과 전하(Q)

2장 전기를 관찰한다 67

  (3) 변위전류   〈그림 34〉는 두 개의 평행 도체판인 콘덴서에 전압(V)의 전원을 가한 회로다. 콘덴서의 위쪽 도체에는 +Q, 아래쪽 도체에는 −Q의 전하가 유도된다. 콘덴서에 가해지는 전압이 〈그림 35〉와 같이 직선적으로 증가한 경우를 생각하면 상하의 도체판에 유도되는 전하는 콘덴서의 용량(C)과 전압(V)의 곱이므로(2장 콘덴서 중반부 참조) 전하(Q)는 시간에 대해 직선적으로 증가한다.

  도체판 위의 전하가 증가하는 것은 전하가 전원으로부터 도선을 통해 도체판까지 이동했다는 것을 뜻하고 있다. 즉 전원과 도체판을 연결하는 선에는 전류가 흐르는 것이 된다. 시간 τ(초) 사이에 전압 V(볼트)가 증가해서 전하는 Q(쿨롱)만큼 증가했다고 하자. 이때 1초 동안에 도선을 이동하는 전하량은

$$I = \frac{Q}{\tau}$$

이다. 이것은 전류의 정의(定義)이기도 하며, 도선에는 Q/τ(암페어)의 전류가 흘렀다고 말한다. 전하의 단위 쿨롱(C)을 시간의 단위 초(s)로 나눈 것이 전류의 단위 암페어(A)이다.

  상하의 도체판에 전하가 이동해 가는 상태를 시간 변화에 따라 살펴보기로 하자(그림 36). 위 도체판에는 양전하가, 아래 도체판에는 음전하가 저장되기 때문에 위 도체판에는 양전하가, 아래 도체판에는 음전하가 흘러들고 있다.

  〈그림 36〉의 1단은 전하가 도선을 이동 중이고 아직은 도체판까지 도달하지 못했다. 2단은 최초의 전하가 도체판에 도달했고 다음 전하는 도선을 이동 중이다. 도체판에 도달한 전하가 전기력선(〈그림 36〉 속의 화살표)을 발생한다는 것은 콘덴서

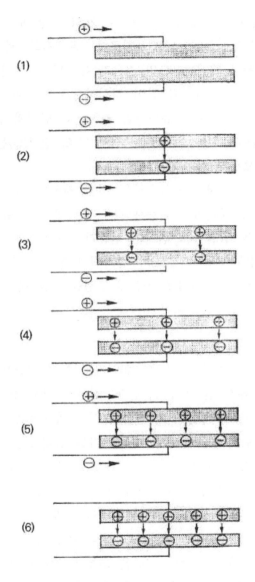

〈그림 36〉 시간에 따른 도체판 위의 전하와 도체판
　　　　　　전기력선

에서 설명한 그대로다.

3단에서는 세 번째 전하가 도선을 이동 중이다. 먼젓번의 두 전하는 도체판에 도달해서 전기력선을 발생하고 있다. 4단과 5 단도 마찬가지로 전하가 흘러들고 있다. 6단은 전하의 흐름이 정지한 경우를 나타내고 있다. 전하가 도체판에 흘러들면 도체판 사이의 전기력선이 증가하고 전하의 흐름이 멎으면 전기력선의 수가 변화하지 않는다는 것을 이들의 그림에서 보여주고 있다.

도체판 위의 전하량이 시간적으로 변화하면 변화한 몫만큼 도체판을 향해 전하가 흐른다는 것은 쉽게 이해가 간다. 즉 도체판에 전류가 흐르는 것이 된다. 또 도체판으로 흘러든 전하가 증가한 몫만큼 도체판 사이의 전기력선이 증가하고 있다. 이들의 결과로부터 도체판 사이는 진공이고 아무것도 존재하지 않으며, 도체판으로 흘러들어간 전류는 전기력선이 증가한 몫이 되어 위에서부터 아래 도체판으로 흘러간다고 생각하는 것이 자연스럽다. 이렇게 생각한 사람이 바로 전자기파의 존재를 예언한 맥스웰이었다.

도체판 위의 단위면적당 전하량(전하밀도)을 σ라 하면 σ의 시간에 대한 기울기가 그 면으로부터 흘러나가는 전류밀도가 된다. 한편 그 면으로부터는 σ/ε개의 전기력선이 발생하고 이 것은 단위면적의 개수이므로 전계(E)와 같다. 즉 σ는 εE와 같으므로 다음의 것을 알 수가 있다.

콘덴서 사이는 진공인데도 불구하고 다음의 전류가 흐른다.

  (유전율)×(전계)의 증가한 몫

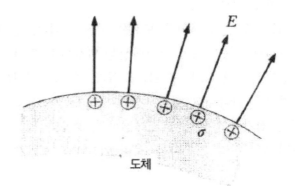

〈그림37〉 도체의 표면으로부터는 전류가 흘러나가고 있다

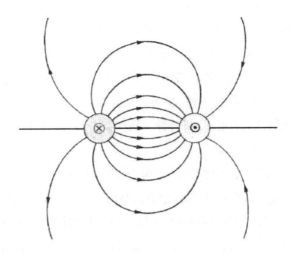

〈그림38〉 두 송전선의 단면
전선 안에는 서로 반대 방향의 전류가 종이면에 대해
수직으로 흐르고 있으나 전선의 외부에서는 화살표로
가리키는 것처럼 변위전류가 흐르고 있다

이 전류를 변위전류(變位電流)라고 한다. 도체판에 전압을 걸어주면 전원을 포함해서 전체로서는 전하를 갖고 있지 않으나 위 도체판에는 양전하가, 아래 도체판에는 음전하가 변위해서 나타난다. 이 변위한 전하가 전류의 원인이 되기 때문에 변위전류라고 부르는 것이다.

〈그림 37〉은 진공 속에 있는 도체의 표면을 보인 것이다. 진공 속의 전계를 E라 하고 단위면적당 도체 표면의 전하를 σ라 하면 σ는 εE와 같다. 따라서 일반적으로는 도체 표면으로부터 전하밀도 σ, 또는 εE의 시간에 대한 기울기로 나타나는 전류가 진공 속으로 흘러나가고 있다. 콘덴서 이외에 변위전류가 흐르고 있는 구체적인 예로는 우리가 흔히 볼 수 있는 송전선이 있다. 전력을 보내는 송전선의 전선에는 전도전류가 흐르고 있지만, 전선 바깥쪽에서는 전기력선과 자기력선(磁氣力線)이 발생하고 있다. 두 전선 사이에는 교류전압이 가해져 있기 때문에 전기력선도 시간과 더불어 변화해서 εE의 증가한 몫, 즉 εE의 시간에 대한 변화 몫이 전류로서 전선의 표면으로부터 공간으로 흘러나가고 있다(그림 38). 전자기파는 진공 속을 전파할 수 있기 때문에 전자기파를 이해하는 열쇠는 진공 속을 흐르는 이 변위전류를 '아는' 일이다.

3장
자기를 관찰한다

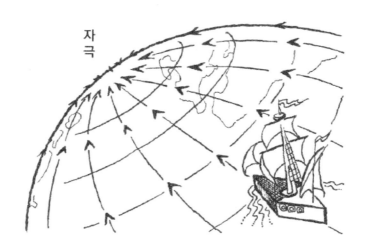

자극

전기와 자기는 마찬가지로 생각할 수 있다

마찰된 호박(琥珀)이 물체를 끌어당기는 데서 호박에는 '생명'이 깃들어 있다고 생각했던 고대 그리스 사람은 자기(磁氣)를 띤 자철광(磁鐵鑛)이 쇳조각을 끌어당기는 사실로부터 역시 자철광에도 '생명'이 존재하는 것이라고 생각했다. 다만 자철광은 호박에 비하면 흔한 광석이었기 때문에 고대 그리스 이래 자기보다는 전기 쪽이 보다 많은 사람들의 흥미를 끌어온 것 같다. 그러나 자기를 지닌 바늘을 물에 띄우면 바늘이 북(北)을 가리킨다는 것은 경험적으로 꽤 일찍부터 발견하고 있었던 것 같다. 중국의 기록에는 7, 8세기 무렵에 이미 자기를 띤 바늘—지남침(指南針)을 이용해서 인도양을 항해했다고 전하고 있다.

1600년, 영국의 엘리자베스 1세 여왕 시대, 영국의 길버트(Gilbert)는 자석 바늘이 지구의 북극에 접근하면 아래쪽 방향을 가리킨다는 것(실제는 작은 자침(磁針)을 커다란 구형(球形)자석 곁에 두어 조사했다)으로부터 지구가 하나의 거대한 자석이라는 결론을 내리고 자기의 과학적 연구의 실마리로 삼았다. 그는 자침이 북을 가리키는 것은 본질적으로 자석이 갖는 인력(引力)과 척력(斥力)에 기인한다는 것을 처음으로 밝혀냈으며 자석에 관한 많은 실험을 했는데, 전기와 자기는 전혀 별개의 현상으로 단정했었다. 그로부터 약 180년이 지난 뒤 전기에 관한 「역제곱의 법칙」—즉 쿨롱의 법칙을 확립시킨 쿨롱이 등장한다. 전기에 관한 쿨롱의 법칙은 1785년에 발견되었는데 동시에 그는 전기력뿐만 아니라 자기력(磁氣力)에 대해서도 같은 법칙이 성립한다는 것을 밝혔던 것이다. 즉 크기가 M과 m인 자하(磁荷: 자기력)가 거리 r의 위치에 있을 때 자하 사이에 작용하는 힘도 다음과 같은 「역제곱의 법칙」이 적용된다는 것이다.

$$F = \frac{Mm}{4\pi r^2 \mu}$$

μ는 전기의 경우 유전율(ε)에 대응하는 것으로 투자율(透磁率)이라고 한다. 전기의 경우와 똑같이 이 식은 다음과 같이 변형할 수가 있다.

이와 같은 H를 자하(M)가 만드는 자계(磁界)라고 하고 전계와 자기력선에 대응하는 자계 및 자기력선(磁氣力線)을 생각하면 다음과 같이 정리할 수 있다.

① 자하(M)로부터는 M/μ개의 자기력선이 발생한다.

② 자기력선의 면적밀도가 자계(H)이다.

③ 자하(m)에 작용하는 힘의 방향은 자기력선의 방향이다.

④ 자하(m)에는 mH의 힘이 작용한다.

요컨대 자하와 전하, 자계와 전계, 투자율과 유전율은 각각 대응하고 있으며 전기와 자기는 전적으로 대등한 현상으로서, 마찬가지로 생각할 수 있는 것이다.

전류는 자계를 만든다

길버트가 지구는 거대한 자석이라는 것을 발견하고서부터 2세기 이상이 지난 1820년에 코펜하겐대학의 에르스텟(Oersted) 교수는 「전기, 자기 및 갈바니즘의 관계」라는 연구 과제를 학생들에게 주었다. 이탈리아의 갈바니가 개구리 다리에다 구리선과 아연선을 고리 모양으로 접속해서(전지의 원리) 개구리 다리에서 경련이 일어나는 것을 발견했던 것으로부터 전류가 흐르는 현상을 당시에는 갈바니즘이라 부르고 있었다. 자기에 관한 쿨롱의 법칙이 발견된 이래 자기와 전기 사이에는 밀접한 관련이 있을 것이라고 막연히 생각되고 있었는데 이 에르스텟의 연구 테마는 바로 전류에 의해서 자기가 만들어지는 것을 구체적으로 예측한 것이었다. 볼타가 전지를 발견한 뒤 20년이 지나서 안정된 전류를 이용할 수 있었던 시대였다.

에르스텟은 〈그림 39〉의 윗단에 보인 것과 같은 장치로 실험을 했다. 당시, 자침이 남북을 가리킨다는 사실은 잘 알려져 있었다. 이 실험 장치에서는 도선에 전류를 흘리지 않을 때 자침이 남북 방향을 가리키고 있다. 전류를 동서 방향으로 흘렸을 경우는 자침이 움직이지 않지만, 전류를 남북 방향으로 흐르게 하면 자침은 북쪽으로부터 동으로 변위한다(〈그림 39〉의 아랫단).

이 실험으로부터 전류에 의해 자계가 발생되고 그 방향은 전류가 흐르는 방향에 수직인 면 안에 있다는 것을 알 수 있다. 그 증거로 직선인 도선에 전류를 통하고 그것에다 수직인 평면 위에 쇳가루를 뿌려두면 쇳가루가 자계의 방향으로 가지런히 정렬하기 때문에 자계는 도선을 중심으로 하는 동심원(同心圓)이 된다는 것을 안다(그림 40).

전류가 도선에 흐르는 것은 도선에 전압이 가해지고 도선 속의 전하가 도선의 방향으로 힘을 받기 때문이다. 그런데 이 전류에 의해 생기는 자계는 도선과는 직각 방향으로 생기며 자침을 전류와는 직각인 방향으로 움직이게 한다. 처음에는 에르스텟도 이것을 이상하게 생각하고 전류가 도선의 표면을 나선 모

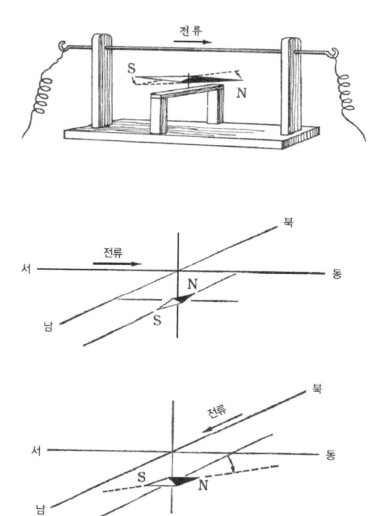

〈그림 39〉 에르스텟의 실험 장치(위)와 전류와 자침의 진동

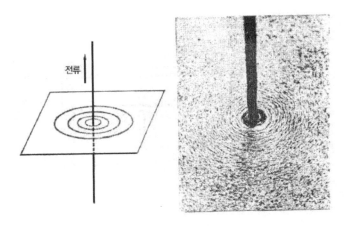

<그림 40> 전류에 의해 생기는 자계

양으로 흐르기 때문에 자침이 그 방향을 향하는 것으로 생각했다고 한다.

앙페르의 법칙

에르스텟의 실험으로 밝혀졌듯이 전류가 흘러서 자계가 형성되는 것이라고 한다면 자신의 주위에다 자계를 만들어 내는 자침 속에도 전류가 흐르고 있다고 생각하면 되지 않을까? 이렇게 생각해서 자계를 모두 전류로써 설명하는 데에 성공한 사람이 전류의 단위(암페어)에 그 이름을 남겨놓은 프랑스의 앙페르(Ampere)이다. 확실히 코일에 전류를 흘렸을 때에 생기는 자계는 막대자석에 의한 자계와 흡사하다(그림 41). 앙페르는 자석속에 코일과 같은 형태인 루프 모양의 전류가 흐르고 있다고생각했다. 현재는 전하를 가진 전자가 지구처럼 자전(自轉)을함으로써 루프 모양의 전류가 흘러 자계가 생기고, 자석에서는

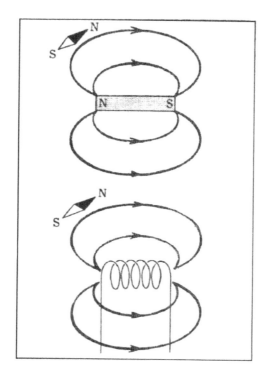

〈그림 41〉 전류가 흐르고 있는 두 도선에 작용하는 힘

전자가 자전하는 축의 방향이 가지런하기 때문에 남북을 가리
키는 것이라 여겨지고 있다.

　쿨롱은 전하(자하)와 전하(자하) 사이에 작용하는 힘을 조사했
고, 에르스텟은 전류와 자계의 관계를 밝혔다. 앙페르는 이것들
을 토대로 해서 보다 기본적인 전류와 전류 사이에 작용하는
힘을 더욱 추궁해 나갔다. 그 결과 전류가 흐르고 있는 두 도
선이 있을 경우, 그사이에 작용하는 자기력은 전류가 같은 방
향일 때는 인력이 되고 또 반대일 때는 척력이 된다. 그리고

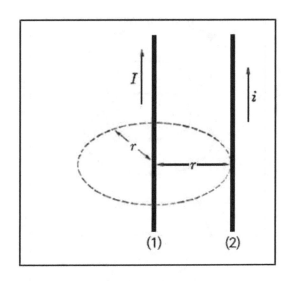

〈그림 42〉 전류가 흐르고 있는 두 도선에 작용하는 힘

그 힘의 크기는 두 전류의 곱(Ii)에 비례하며 도선 사이의 거리 r에 **반비례**한다는 것을 확인했다(그림 42). 이 경우 쿨롱의 법칙과는 달리 역제곱의 법칙으로 되어 있지 않다는 점에 주의하기 바란다.

이 경우의 힘은 다음과 같이 해석할 수 있다. 쿨롱의 법칙때와 마찬가지로 해서 먼저 처음에 전류(I)가 흐르고 있는 도선 (1)은 도선 (2)의 위치에 자계(H)를 만드는 것이라고 생각한다. 그리고 이 H와 도선 (2)에 흐르는 전류(i)와의 곱에 비례하는 힘이 작용한다고 생각할 수 있다. 이때의 자계(H)는 전류(I)에 비례하고 거리에 반비례하므로 이를테면 전체의 비례상수를 $\mu/2\pi$로 두어서 다음과 같이 나타낼 수 있다.

$$F = \mu Hi, \ H = \frac{I}{2\pi r}$$

이와 같이 힘을 자계(H)와 전류(i)로 나누어 생각하는 것은 전하에 작용하는 힘을 전계(E)와 전하(q)로 나눈 것과 같다.

자계(H)는 도선 ⑵가 없을 때에 생각한 것이므로 도선 ⑴에 대해 축대칭(對稱軸)으로 되어 있을 것이다. 즉, 도선 ⑴로부터 r인 거리에서는 자계는 어디에서나 같은 H로 되어 있다. $2\pi r$ 은 도선 ⑴로부터 반지름 r인 원둘레의 길이이므로 이 식은 다음을 의미한다.

(자계) × (1주의 길이) = (그 면을 통과하는 전류)

이것이 전류와 자계의 세기를 수학적으로 표현한 유명한 앙페르의 법칙이다. 자계(H)를 나타내는 식에서 $2\pi r$이 우연히도 원둘레의 길이이고 H×$2\pi r$=I인 데서 이와 같은 일반적인 관계를 이끌어 냈다는 것이 어찌 보면 엉뚱한 듯도 하다. 그러나 이와 같이 간단하게 생각한 점이 바로 앙페르의 위대한 점이며 이 법칙은 경험적으로 얻어진 것이므로 반증이 없는 한은 옳다고 해야 한다. 이 자계를 나타내는 식으로부터 알 수 있듯이 자계의 단위는 전류의 단위 암페어(A)를 거리의 단위 미터(m)로 나눈 단위(A/m)가 된다.

이것은 전계의 단위가 볼트(V)를 미터(m)로 나눈 단위(V/m)인 것에 대응하고 있다.

전기의 단위에서 가장 잘 알려진 것은 전압의 단위 볼트와 전류의 단위 암페어, 볼트와 암페어의 곱인 와트일 것이다. 와트(W)는 증기기관을 발명한 와트(Watt)로부터 얻어진 역학(力

學)의 단위이며 1마력(馬力)은 746와트다. 볼트는 전지를 발명한 이탈리아의 볼타에서 따온 단위 이름이다. 이 전지에 의해 안정된 전기가 얻어지게 되어 그리스 시대의 정전기(靜電氣)와는 전혀 다른 전기의 발전을 보게 되었으므로 전지의 발명이야말로 위대한 공적이라 할 수 있다.

이것에 대해 앙페르는 방금 말한 것과 같이 전류와 자계의 관계 및 전류 사이에 작용하는 힘을 밝혀낸 사람이다. 전자기파는 뒤에 설명하듯이 전류와 자계의 관계를 가리키는 앙페르의 법칙, 자계와 전압의 관계를 가리키는 패러데이의 법칙의 두 법칙으로 설명할 수 있다. 콘덴서의 용량 단위 패럿에 그 이름을 남긴 패러데이는 이 점에서 약간 손해를 보고 있는 듯이 생각되기도 한다.

지구는 거대한 자석이라 여겨지고 지구 표면에서는 위치에 따라서 자계의 세기가 달라지는데 일본에서의 자계의 세기는 약 24(A/m)이다. 이것은 직선인 도선에 15암페어의 전류를 흘렸을 때 도선으로부터 10㎝ 위치에서의 자계와 같기 때문에 지구자기(地球磁氣)는 비교적 큰 자계를 만들고 있는 셈이다.

앞에서 보인 에르스텟의 실험에서 자침과 도선 사이의 간격을 10㎝라고 하면 남북 방향의 도선에 15암페어의 전류를 흘렸을 때 자침은 북으로부터 45°의 변위된 방향을 가리킨다. 만약 전류가 10암페어인 때라면 자계는 16(A/m)이 되기 때문에 자침의 방향은 북으로부터 34°의 변위를 한다(그림 43).

이와 같이 자침 변위의 크기에 따라서 전류에 의한 자계의 세기를 알 수가 있다. 이것은 거꾸로 자침 변위의 크기로 도선에 흐르는 전류의 크기를 알 수 있다는 것을 뜻한다. 계량기가

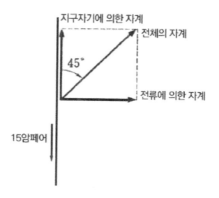

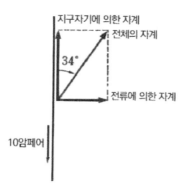

〈그림 43〉 지구자기와 전류에 의한 자계(전류에서 아래쪽
방향으로 10㎝ 떨어진 위치)

아직 발달되지 못했던 시대에는 이 방법으로 전류를 측정했는
데 지구자기에 의한 자계의 세기가 장소에 따라서 달라진다는
것이 결점이었다.

송전선 주위의 전계와 자계

가정에서 사용하는 전기는 전압이 100볼트에 전류가 60암페어 또는 쿨러용 따위에서는 전압이 200볼트에 전류가 20암페어 등으로 전력회사와 계약을 맺는다. 이것으로도 알 수 있듯이 전압과 전류는 전기를 나타내는 기본적인 양이다. 그리고 이 전압과 전류는 각각 전계와 자계의 다른 표현이라는 것도 지금까지의 설명으로 이해가 갔을 것이다.

직선의 도선에 I암페어의 전류가 흘렀을 때의 자기력선은 〈그림 44〉와 같이 되고, 이 자기력선의 면적밀도가 자계(H)이다. 이 자계는 도선으로부터 거리(r)의 위치에서는 앞에서 말한 대로 H=$I/2\pi$r가 된다.

이 자기력선을 도선에 대해 수직인 면에서 보면, 도체 표면 가까이에서는 자기력선이 도체 표면에 평행이 되는 것을 알 수 있고(〈그림 44〉 가운데 단) 도선을 포함하는 면 안의 자기력선을 도시하면 〈그림 44〉의 아랫단에 보인 것처럼 된다. 속에 흑점이 있는 동그라미(◉)는 이쪽 방향으로 진행하는 자기력선을 나타내고, 속에 ×표가 있는 동그라미(⊗)는 저쪽으로 진행하는 자기력선을 나타내고 있다. 이것은 날아가는 화살을 앞쪽에서부터 보면 화살 끝이 점으로 보이는 데 비해 뒤쪽에서부터 보면 화살의 날개가 ×표로 보이는 것에서 따온 표현이다(그림 45).

같은 모양의 도선에 전하를 주었을 경우 전기력선은 어떻게 될까? 도선의 단위길이(1미터)당 σ쿨롱의 전하를 주었다고 하면 앞에서 말했듯이 1미터의 도선으로부터는 σ/ε개의 전기력선이 발생한다(3장 자연의 법칙은 단순하다 중반부 참조).

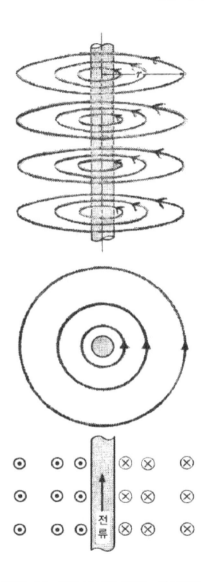

〈그림 44〉 원통 도선에 생기는 자기력선

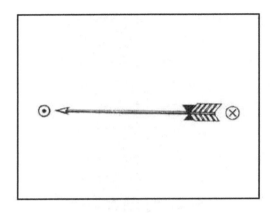

〈그림 45〉 화살의 모양과 방향

도선으로부터의 거리 r미터의 원통의 면적은 원통의 길이와 원둘레의 곱이므로 원통의 길이가 1미터인 때는 $2\pi r$이 된다. 따라서 전기력선의 면적밀도인 전계(E)는 전기력선의 전체 개수 σ/ϵ를 면적 $2\pi r$로 나누어 다음과 같이 된다.

$$\epsilon E = \frac{\sigma}{2\pi r}$$

여기서 유전율(ϵ)과 전계(E)의 곱 ϵE를 좌변으로 하고 있는 것은 이와 같이 함으로써 자계(H)의 식과 같은 식이 되기 때문이다.

이 전기력선을 도선에 수직인 방향과 도선을 포함하는 면의 양쪽으로부터 보면 〈그림 46〉과 같아진다. 이것을 〈그림 44〉의 자기력선과 비교하면 전기력선과 자기력선은 늘 직각으로 교차하고, 전기력선은 도체 표면으로부터 수직으로 발생하는 것을 알 수 있다.

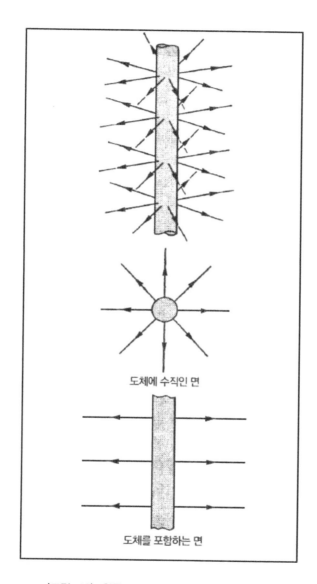

도체에 수직인 면

도체를 포함하는 면

〈그림 46〉 원통 도선에 의해 생기는 전기력선

도선에 전류가 흐른다는 것은 도선 속의 전하가 이동한다는 것이다. 그러므로 전류가 흐르고 있는 도선에서는 자계뿐만 아니라 '이동하고 있는 전기력선'이 생기는 것처럼 생각된다. 그러나 실험 결과에서는 전류가 흐르고 있을 뿐 전기력선은 발생하지 않는다. 전류가 흐르고 있는 도선 가까이에 전하를 두더라도 힘을 받지 않는다. 이 때문에 도선 주위에 자계와 함께 전기력선이 생길 때는 전류를 흘리는 전하와는 별도로 도선에 가해진 전압이 전하를 유기(誘起)하고 있다고 생각해야 한다.

역선이 〈그림 46〉과 같이 되는 예로는 물의 흐름이 있다. 〈그림 46〉의 도선이 물을 통과시키는 파이프라고 생각하고, 파이프의 벽에는 무수한 구멍이 균일하게 뚫어져 있고 거기서부터 방사선(放射線) 모양으로 물이 흘러나가고 있다고 하자.

파이프의 단위길이(1미터)당 1초 동안에 V(㎥)의 물이 흘러나갔다고 한다. 1초 동안에 단위면적을 통과하는 유량(流量)을 J라 하면 길이 1미터의 파이프에서 거리 r미터인 원통의 표면적은 $2\pi r$이므로 1초 동안에 그 원통의 표면을 통과하는 유량은 $2\pi rJ$가 된다. 이것은 파이프로부터 흘러나가는 유량(V)과 같으므로 다음 식이 성립한다.

$$J = \frac{V}{2\pi r}$$

이것은 앞에서 구한 εE와 같은 식이다. Q쿨롱으로부터 Q/ε개가 발생하는 것이 전기력선인데 Q쿨롱으로부터 Q개가 발생하는 것을 전속(電束)이라고 한다. 전기력선의 밀도가 전계 E이므로 이것의 ε배인 εE는 전속밀도(電束密度)라고 한다.

이와 같이 전기력선은 물의 흐름과 같은 유선(流線)의 성질을

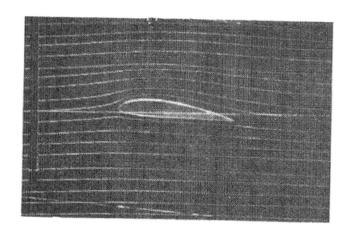

〈그림 47〉 날개의 단면과 유선

가지는 것이라고 생각해도 된다. 유선형(流線型)이라는 말은 이와 같은 역선을 따라가는 형상을 말하며 물이나 공기의 저항을 적게 하기 위한 형상이다. 비행기 날개의 단면과 공기의 흐름을 나타내는 역선(그림 47)으로부터 역선의 방향이 공기의 흐름의 방향을 나타내고, 역선의 밀도는 흐름의 속도(유량)를 나타낸다는 것을 쉽게 상상할 수 있을 것이다. 또 J×(1주의 길이)=(유량)이라는 식이 성립하기 때문에 J와 길이의 곱은 그것을 통과하는 유량을 나타내고 1주로서 전체 유량이 된다.

이것에 대해 자기력선에 대응하는 다른 현상의 예는 좀 생각하기 힘들다. 도선에 전류를 흘렸을 때 그것에 직각 방향으로 자침이 움직이는 것을 에르스텟이 이상하게 생각했던 것도 자기력선에 대한 역학의 모델이 없기 때문인 것으로 생각한다. 다만 도선의 예에서 자계의 세기는 전계의 세기에 비례하고 자계의 방향은 전계에 직각이므로 전기력선으로부터 자기력선을

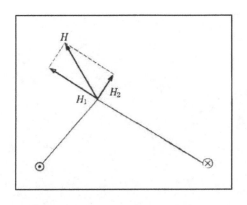

〈그림 48〉 두 도선에 의한 자계

상상할 수는 있다.

송전선이나 텔레비전의 안테나와 수상기를 접속하는 전선 (Feeder, 給電線) 등은 반드시 두 줄의 도선으로 이루어져 있다. 가는 전류와 되돌아오는 전류를 위한 두 줄이 필요하기 때문이다. 〈그림 48〉은 서로 반대 방향의 전류가 흐르고 있을 때의 자계를 구하는 방법을 보였다. 왼쪽 도선에 의해 생기는 자계를 H_1, 오른쪽 도선에 의한 자계를 H_2로 한다. H_1은 오른쪽 도선이 없고 왼쪽 도선만 있을 때의 자계이므로 앞에서 말했듯이 앙페르의 법칙(3장 앙페르의 법칙 참조)으로부터 간단히 구할 수가 있다. 전체 자계(H)는 H_1과 H_2로 이루어지는 평행사변형의 대각선이 된다.

이와 같이 해서 구한 자기력선을 〈그림 49〉의 윗단에 보였다. 〈그림 44〉에서 보인 것과 같이 한 줄의 원형도선에 의해 만들어지는 자계는 동심원이 되는데 두 줄의 송전선일 경우에도 반대 방향의 전류가 흘렀을 때의 자계는 원형이다. 또 두

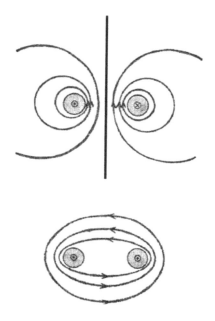

〈그림 49〉 두 도선에 의해 생기는 자기력선

줄의 송전선에 같은 방향의 전류가 흘렀을 때 생기는 자기력선
은 원형이 아닌 것이 된다(〈그림 49〉 아랫단).

두 줄의 도선에 전류가 흐르면 그들 사이에 힘이 작용하는데
〈그림 49〉로부터 인력인지 척력인지를 직감적으로 알 수 있을
까? 역선 사이는 언제나 넓어지려는 성질을 지니고 있다. 즉
역선의 밀도는 언제나 작아지려 하고 있다. 물이나 공기가 좁
은 곳을 흐를 때는 유선의 밀도가 커지는데 이 경우에는 좁은
곳을 넓게 하려는 힘이 작용하고 있다. 이것에서부터 〈그림
49〉의 윗단, 즉 반대 방향의 전류에서는 척력이 되고 〈그림
49〉의 아랫단, 같은 방향의 전류에서는 인력이 되는 것을 알
수 있다.

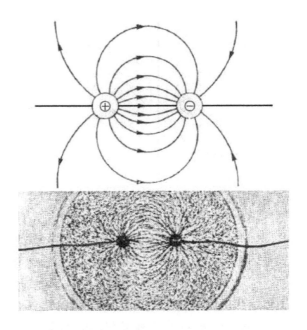

〈그림 50〉 두 도선에 의해 생기는 전기력선

그런데 두 줄의 송전선에는 전압이 가해져 있으므로 도선 사이에는 전기력선도 생기고 있다. 두 도선은 콘덴서라고 생각할 수 있으므로 왼쪽 도선에 플러스의 전압을 걸어주면 왼쪽 도선에는 양전하가 유기되고, 오른쪽 도선에는 음전하가 유기된다. 앞에서 구한 자계와 마찬가지로 이 경우의 전계도 〈그림 46〉에 보인 전계로부터 구할 수가 있다. 〈그림 50〉에 보인 전기력선은 이와 같이 해서 구한 것이다.

큰 수조에 균일한 구멍이 뚫린 두 개의 파이프를 넣고 왼쪽 파이프는 물을 내보내고 오른쪽 파이프로는 같은 양의 물을 빨아들이는 경우를 생각해 보자(그림 51).

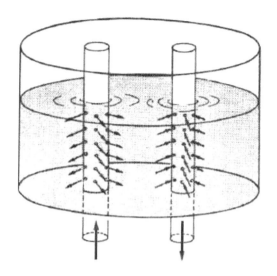

〈그림 51〉 수조 속 파이프의 물의 흐름은 송전선의 전기력선과 같다

이때 물이 흐르는 방향은 〈그림 50〉에 보인 전기력선과 똑같아진다.

송전선이나 텔레비전의 급전선(feeder)에는 〈그림 49〉에 보인 자기력선과 〈그림 50〉에 보인 전기력선이 동시에 생기고 있다. 송전선을 보았을 때 이와 같은 역선을 상상할 수 있다면 이제는 전자기파의 세계로 들어갈 수 있다.

전력은 공간을 간다

송전선은 이름 그대로 전력(電力)을 보내주는 선이다. 그 전력은 전압(V)과 전류(I)의 곱인 VI(와트)이다. 그렇다면 무엇이 전력을 날라다 주는 것일까? 송전선에서는 도선을 흐르는 전류가 전력을 날라다 주고 있는 것처럼 보이지만 사실 전력은 도

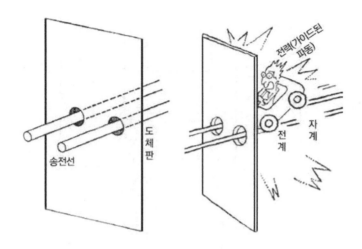

〈그림 52〉 도체판의 구멍을 통과하는 송전선에서 전력은 대부분
도체판을 통과하지 못한다

선 사이의 공간을 전파(傳播)하고 도선으로부터 발생하는 전계
와 자계가 이것을 날라다 주고 있다.

「전력은 공간을 간다」는 말을 믿을 수가 없다는 사람에게는
다음의 실험을 해 보도록 권한다. 커다란 도체판에 두 개의 구
멍을 뚫어놓고 거기에 두 줄의 도선을 끼워 넣은 송전선을 만
든다(〈그림 52〉 왼쪽). 만약 전류가 도선을 흐르는 전류에 의해
운반되는 것이라면 송전선과 도체판이 접촉만 하지 않으면 전
력은 도체판을 통해서 전도될 것이다. 그런데 실제로는 주파수
가 높아질수록 도체판에 의해서 반사되는 전력이 많아지고 도
체판을 통과하는 전력은 아주 적다. 상식에 반하는 이와 같은
사실은 수식에 의해서도 뒷받침되고 있다.

두 줄의 원형도선에 의한 송전선에서 전기력선과 자기력선은

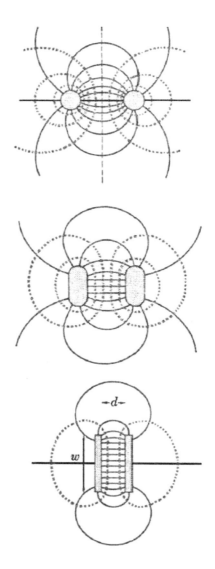

〈그림 53〉 단면을 변형시킨 도선에 의한
전기력선과 자기력선

더불어 원(圓)이 된다(〈그림 53〉 윗단). 이 도선을 원형에서 타원으로 변형시키면 전기력선은 도체 표면으로부터 수직으로 발생하고 자력선은 도체 표면을 따라서 생기므로 전기력선과 자기력선이 〈그림 53〉의 가운데 단과 같이 된다는 것을 금방 알게 될 것이다. 도선의 단면을 타원에서 다시 평판으로 변형시킨 것이 〈그림 53〉의 아랫단이다. 이와 같이 하면 도체판 사이에서는 전기력선과 자기력선이 직선이 되는 동시에 서로 직교한다.

이 도체판 사이에는 어떤 세기의 전계와 자계가 발생할까? 상하 도체판에 가하는 전압이 V(볼트)이고 상하 도체판을 서로 반대 방향으로 흐르는 전류가 I(암페어)인 경우를 생각해 보자.

도체판의 간격은 d(미터)이고 전계는 전압의 기울기이므로

(전계) × (거리) = (전압)

의 공식으로부터 전계(E)는 다음과 같이 된다.

$$E = \frac{V}{d}$$

한편, 자계에 대해서는 다음의 앙페르 공식을 이용한다.

(자계) × (1주의 길이) = (그 면을 통과하는 전류)

1주의 길이로서 〈그림 53〉의 아랫단의 경우는 자기력선을 따라가는 길이를 취하는데(점선) 도체판 사이의 바깥쪽에서는 자계가 아주 약해지기 때문에 무시할 수 있다. 따라서 자계와 원둘레의 길이의 곱은 자계(H)와 도체 간의 너비(w)의 곱인 wH가 된다. 이것은 전류(I)와 같으므로 다음 식이 성립한다.

$$H = \frac{I}{w}$$

송전선이 운반하는 전력은 전압(V)과 전류(I)의 곱 VI이고, 단위가 와트이므로 〈그림 53〉의 아랫단에 보인 송전선의 경우에 전압(V)과 전류(I)의 곱은 앞에서 구한 식으로부터 다음과 같이 나타낼 수가 있다.

VI = EH · wd

wd는 도체판 사이의 면적이기 때문에 EH는 단위면적당 전송전력이라고 생각할 수 있다. EH의 단위는 (와트/제곱미터)이다. 즉 전력은 도선 사이의 면적과 전계, 자계로서 나타나게 되고 '전력은 공간을 간다'는 것을 뒷받침한다.

이와 같이 송전선은 자기 자신이 전력을 보내주고 있는 것이 아니라 송전선은 실제로 전력을 전달하는 전계와 자계의 가이드(guide) 역할을 하고 있을 뿐이다. 송전선을 따라가는 이 전계와 자계를 가리켜 「가이드 된 파동」이라고 한다. 사실 이 '파동'은 이 책에서 다루는 주제인 전자기파의 정체 바로 그것이다. 〈그림 53〉과 같이 직선인 전기력선과 자기력선이 서로 직교하는 전자기파를 평면파(平面波)라고 부른다. 이 '파동'을 실감케 하는 비근한 예로 텔레비전의 안테나와 수상기를 연결하는 급전선의 취급 방법을 들기로 한다.

당신은 실내에서 급전선을 고정시킬 때 어떤 방법으로 하고 있는가? 〈그림 54〉의 (B)처럼 급전선의 중심에다 가느다란 못을 박아서 고정시켰을 경우는 좋다고 하더라도 〈그림 54〉의 (C)와 같이 ㄷ자형의 못으로 고정시켰을 경우에는 텔레비전 화

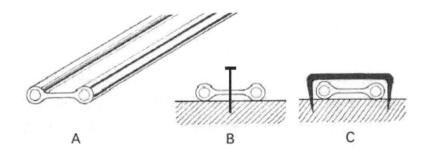

A   B   C

〈그림 54〉 텔레비전 급전선의 부착 방법. 어느 쪽이 나쁜가?

면에 잡음이 생기기 쉽다. 중간에 박은 가느다란 못이 급전선의 도선 사이의 전기력선과 직각이 되기 때문에 못의 영향이 적은 데 비해 (C)의 경우는 못이 전기력선과 평행이 되는 부분이 많기 때문에 반사가 생기고 수상기로 오는 전력이 적어지기 때문이다.

전자기유도의 발견

과학 계몽을 위한 명저(名著)로 일컬어지는 『촛불의 과학』의 저자로도 유명한 패러데이는 전자기유도(電磁氣誘導)의 발견자로서 웅장한 전기의 세계를 우리에게 터놓아 주었다. 이 책에서 여러 차례 강조한 바 있는 전기력선과 자기력선도 패러데이가 처음으로 고안한 것이다.

도체에 전하를 접근시키면 가까이에 반대 부호의 전하가 유도되고 먼 위치에는 같은 부호의 전하가 나타나는 것은 정전기의 감응현상(感應現象)으로 예로부터 알려져 있었다(그림 55).

이것으로부터 두 도선의 루프(Loop, 고리)가 마주 보고 있는

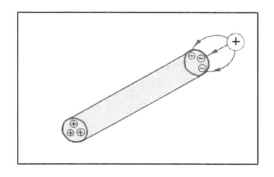

〈그림 55〉 전하의 유도—정전기의 감응현상

회로에서 왼쪽 루프가 있는 위치에 양전하가 나타나면 오른쪽 루프에 가까운 위치에는 음전하가 유도될 것이라고 패러데이는 생각했다(그림 56).

전하가 이동하는 것이 전류이므로 전지에 의해 왼쪽 루프에 전류를 흘려보내면 오른쪽 루프에도 전류가 흐를 것이다. 그런데 패러데이가 한 실험에서는 오른쪽 루프에는 전류가 흐르지 않았다. 예상과 빗나갔으므로 패러데이는 이 실험을 거기서 중단하고 말았는데, 몇 해 후(1831년)에 왼쪽 루프에 전류를 **흘려보내기 시작할 때와 전류를 끊었을 때** 오른쪽 루프에 접속한 미터의 바늘이 흔들리는 것을 알아챘다. 「전자기유도」의 발견인 것이다.

패러데이가 이와 같은 실험을 한 이유는 에르스텟이 전류에서 자계가 생기는 것을 발견한 데 대해(3장 전류는 자계를 만든다 참조) 패러데이는 거꾸로 자계에서 전류를 흘려보내는 것을 생각했었기 때문이다. 그리고 전류 미터를 접속한 도선의 루프에 막대자석을 넣었다 뺐다 하면 루프에 전류가 흐른다는 사실

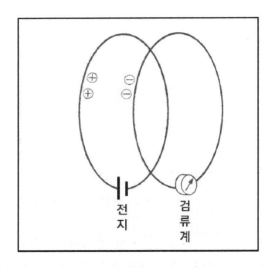

〈그림 56〉 마주 보는 루프 사이의 유도

을 확인했다(그림 57). 이것이 곧 발전기(發電機)의 원리로 이 발견에 의해 인류는 전기를 대량으로 만들어내게 되어 오늘날의 전기 과학으로 지탱되는 문명을 쌓아올린 것이다.

막대자석을 넣었다 뺐다 하는 것은 두 개의 루프 한쪽에다 전류를 흘려보내기 시작했을 때와 전류를 끊었을 때에 다른 쪽에도 전류가 흐른다는 것에 착안했기 때문이다. 도선의 루프에 전류가 흐르는 것은 도선 속의 전하가 이동하기 때문이며 전하가 이동하는 것은 거기에 전계가 생기기 때문이다. 이 전계는 자계가 시간적으로 변화하기 때문에(막대자석의 출입으로) 생기는데 패러데이는 이 현상을 다음의 공식으로 정리했다.

　(전계) × (1주의 길이)

　　= (투자율) × (그 면을 통과하는 자기력선의 증가한 몫)

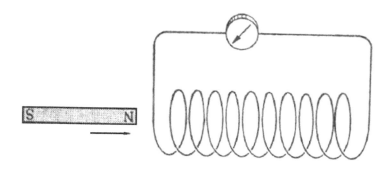

〈그림 57〉 자석으로 전류를 흘려보내는 패러데이의 실험

　이것이 전자기유도에 관한 패러데이의 법칙이다. 전계와 1주의 길이의 곱은 루프에 발생하는 전압을 나타내고 투자율은 비례상수이다. 또 「그 면을 통과하는 자기력선의 증가한 몫」이 막대자석을 넣은 결과이다.

　앞에서 보인 앙페르의 법칙과 이 패러데이의 법칙은 전기에 관한 2대 법칙이자 실험으로 얻어진 경험법칙이다. 경험법칙이라는 것은 현재까지 이것과 모순되는 실험 결과가 없다는 것으로서 언제 그것이 뒤집힐지 모를 법칙인 것처럼 보인다. 그러나 인위적(人爲的)으로 만든 정리(定理) 따위와는 달리 여태까지 목숨을 이어온 강력한 법칙이라고 생각할 수도 있다.

　앞에서 말한 앙페르의 법칙을 여기에 다시 한 번 보여 두겠다.

　(자계) × (1주의 길이) = (그 면을 통과하는 전류)

　이것이 현재의 패러데이의 법칙과 아주 흡사하다는 것을 알 것이다. 전하와 자하에 같은 역제곱의 법칙이 성립하는 것 등으로부터 전계와 자계는 같은 형식의 법칙에 지배된다고 생각하는 것은 지극히 자연스러운 일이다. 패러데이 법칙의 전계를 자계로, 투자율을 유전율로, 자기력선을 전기력선으로 각각 바꾸어 놓아 보는 것 또한 자연스러운 발상이다. 그렇게 해 보면 다음과 같이 된다.

(자계) × (1주의 길이)

= (유전율) × (그 면을 통과하는 전기력선의 증가한 몫)

이것은 앙페르의 법칙 바로 그것이며 바른쪽의 전류는 곧 맥스웰이 제안한 변위전류이다.

전자기파의 존재를 예언한 맥스웰이 위대함은 물론이지만 이것도 패러데이나 앙페르의 법칙이 있었기 때문에 이루어진 일이다. 특히 변위전류를 생각하는 계기가 된 것은 전자기유도의 법칙이기 때문에 이것을 발견한 패러데이는 더욱 위대한 존재라고 생각되기도 한다.

4장
전자기파란 무엇인가?

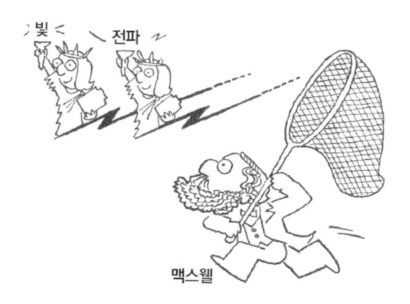

전선에 의한 통신

전기의 역사를 살펴보면 전기에 관한 현상을 밝혀내려는 지적(知的) 호기심의 왕성함과 더불어, 한편으로는 전기의 현상을 실생활에 응용하려는 기업가(企業家) 정신이 왕성한 데에 놀라게 된다. 전기가 발전하는 19세기 중엽은 마침 유럽과 미국이 아주 활발한 발전기에 놓여 있었기 때문이라고 생각된다.

전기의 연구나 응용에 있어서는 전지와 같은 것으로 전류를 발생케 하는 일과 전류가 흐르고 있는 것을 검출할 수 있었다는 사실을 빼놓을 수 없다. 전지는 1800년에 발명되었는데 그로부터 1년이 채 못 되어 벌써 전기분해(電氣分解)가 발견되었다. 이것은 물속에 두 줄의 전선을 넣어두고 전류를 흘려보내면 한쪽 전선(음전극)에는 거품(수소가스)이 발생하고 다른 전선(양전극)은 검게 되는 데서 알아낸 일이다. 이 거품은 전류가 흐르는 것을 검출할 수 있다는 것을 뜻하며 이것은 곧 통신에 응용되었다.

한 줄의 전선을 양전극으로 하고 다른 스물여섯 줄의 전선을 음전극으로 해서 물속에 넣고 스물여섯 줄 각각에다 알파벳 문자를 대응시켜 둔다. 송신 측에서 보내고 싶은 문자에 대응하는 전선에 전류를 통과시키면 수신 측에서는 거품이 발생한 전선을 통해 그 문자를 알아내게 된다(그림 58).

1820년, 에르스텟이 전류에 의해 자계가 발생되는 것을 발견한 데서 전류 검출에 자침의 진동을 이용하게 되었다. 그러나 스물일곱 줄의 전선은 비경제적이기 때문에 이것을 여섯 줄의 전선으로 행하는 통신이 고안되었다. 이를테면 한 줄의 전선을 전지의 음극에, 다른 다섯 줄의 전선 중 하나를 양극에

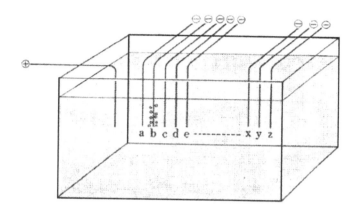

〈그림 58〉 전기분해로 할 수 있는 거품으로 문자를 검출하는 통신

접속해서 전류를 흘려보낸다. 다섯 줄의 전선에 대응하는 자침이 흔들리느냐 흔들리지 않느냐에 따라서 2^5개의 조합이 가능해지고 32개의 문자를 송신할 수가 있다.

그 후 현재도 사용되고 있는 모스(Morse)부호가 고안되어 두 줄의 전선으로 통신을 할 수 있게 되었다. 1837년의 일로 맥스웰의 전자기파 예언이 있기보다 30년이나 전의 일이다. 모스 부호에 의한 통신은 전선의 수가 적어도 될 뿐더러 어느 자침이 흔들렸는가를 눈으로 보고 2차원적으로 판단하기보다는 시간에 의해(1차원적으로) 변화하는 부호를 귀로 듣고 판단하는 편이 훨씬 빠른 통신이 가능하다는 점에서도 유리했다.

전기에 의한 통신은 신호가 전달되는 속도가 빠른 것이 특징이다. 이를테면 〈그림 59〉와 같이 전지에 스위치를 통해서 전선을 접속하고, 전선 끝에 자침을 둔 통신 방법을 생각해 보자. 스위치의 단속(斷続)으로 신호를 보내는데 스위치를 넣으면 끝

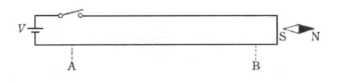

〈그림 59〉 전송선로에 의한 모스부호의 전송

단으로 전류가 흘러서 자침의 진동을 통해 신호가 왔다는 것을 알게 된다.

전지의 전압을 V볼트라고 하면 스위치를 넣은 순간 A점에서의 전압이 V볼트가 되는 것은 쉽게 상상이 간다. 그렇다면 A점에서의 전압이 V볼트가 된 뒤에 B점에서의 전압이 V볼트가 되기까지에는 얼마만 한 시간이 걸릴까?

현재는 이 전압(신호)이 전달되는 속도가 빛의 속도와 같고 초속 약 30만 킬로미터라는 것이 알려져 있다. 그러나 맥스웰 이전의 시대에서는 대부분의 사람들이 스위치를 넣은 결과가 직접 끝단에 전달되는 것이라고 생각하고 있었다. 즉 A점과 B점은 동시에 V볼트가 되는 것이라는 사고방식으로, 이것을 원달설(遠達設)이라고 한다. A점에서의 현상이 직접적으로 B점에 미치는 것을 원격작용(遠隔作用)이라고 하는데 이와 같은 작용은 존재하지 않는다고 하는 것이 현재의 생각이다.

이것에 대해 스위치를 넣으면 그 결과가 중간의 매질(媒質)을 통해 차례로 전달된다고 하는 것이 이른바 매달설(媒達說)이고 이와 같은 작용을 근접작용(近接作用)이라고 한다. 이것은 패러데이와 맥스웰이 생각해 낸 것인데 이것에 대해서는 뒤에서 설명하기로 한다.

〈그림 59〉에서 A점으로부터 B점을 향해 기차가 달려갈 때 기차 속에서 살인사건이 일어났다고 가정하자. 만약 이 세상에서 기차의 속도가 가장 빠른 것이라고 한다면 기차가 통과한 역에서는 살인사건을 알았다고 해도 그다음 역에 기차가 닿기 전에는 이 사건을 알려 줄 방법이 없다. 다행히도 전기신호가 전달되는 속도는 기차보다 빠르기 때문에 다음 역에 모스부호로 알려주면 그 역에서는 이런 사건이 있었다는 것을 미리 알고 범인 체포의 채비를 갖출 수가 있다. 이와 같은 사건이 실제로 있어 전기통신의 가치가 일반에게 인식되었다고 한다.

국제 교류를 위해 동남아시아의 어느 대학에서 강의를 한 적이 있었다. 너무 더워서 점심 후의 강의에서는 학생들이 졸기 일쑤였다. 그래서 학생들의 졸음을 없애주기 위해 실례를 무릅쓰고 다음과 같이 전쟁에서는 통신이 무기보다 더 중요하다는 이야기를 했다.

아시아 여러 나라 중에서 일본만이 유일하게 유럽과 미국의 식민지가 되지 않았던 이유 중 하나로 일본 국내에 전달되는 정보의 신속성을 들 수 있다. 에도(江戸) 시대에는 나가사키(長崎)에서 에도까지 나흘이면 편지가 닿았다고 한다. 따라서 나가사키가 외국의 침공을 당했을 때는 며칠 사이면 전국적으로 방위 준비를 갖출 수 있다. 그런데 당시 아시아의 다른 나라들에서는 국내로 정보가 전달되는 속도가 침략자가 침공해 들어가는 속도보다 느렸다고 한다. 침략자가 침공해 들어가는 앞쪽에서는 방어 준비가 없기 때문에 쉽사리 침공당하게 된다.

빛의 속도보다 빠른 것은 없다는 것이 물리학에서 가르치는 바이다. 그러므로 광속으로 신호가 전달되는 전기에 의한 통신은 가장 뛰어난 통신 방법이라고 할 수 있다.

빛의 속도

빛의 속도에 대해서는 예로부터 많은 흥미를 가졌고 갈릴레이(Galilei) 이래 빛의 속도에 관한 측정에는 여러 사람들이 도전했었다. 빛의 속도를 측정한 역사를 살펴보면 인간의 재능이 뛰어나다는 것과 함께 「예지(叡智)는 무한」하다는 느낌을 실감할 수 있다. 1678년에는 덴마크의 천문학자 뢰머(Rømer)에 의해서 빛의 속도가 초속으로 약 30만 ㎞라는 것이 이미 알려져 있었다. 그는 목성(木星)의 위성이 목성의 그늘로 들어가는 시간이 목성과 지구 사이의 거리 차에 따라 달라진다는 것에서부터 이 수치를 얻어내었는데 이 빛의 속도는 전압의 측정과 전류 사이에 작용하는 힘의 측정으로부터도 알 수가 있다.

음파가 공기 속을 전파하는 속도는 공기의 '단단한 정도'를 나타내는 체적탄성률(體積彈性率) K가 크면 빠르고, 공기의 밀도(σ)가 크면 느려진다. 따라서 음파의 속도는 K/σ에 의해 결정되며 $\sqrt{K/\sigma}$는 속도의 단위를 가지고, 실제로 음파의 속도를 $\sqrt{K/\sigma}$로 나타낸다는 것은 이미 1장에서 설명한 바와 같다.

전기에 관한 기본 법칙인 패러데이의 법칙과 앙페르의 법칙에는 상수(常數)로서 유전율(ε)과 투자율(μ)이 나온다. 그런데 $1/\sqrt{K/\sigma}$는 속도의 단위(미터/초, ㎧)를 가졌다는 것이 예로부터 알려져 있었다. 전기의 옛 단위에는 유전율을 1로 하는 정

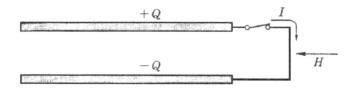

〈그림 60〉 콘덴서에 축적된 전하의 방전

전단위계(靜電單位系)와 투자율을 1로 하는 전자단위계(電磁單位系)의 두 종류가 있는데 그것들의 환산을 위해 $1/\sqrt{\mu\epsilon}$ 의 값에도 흥미를 가졌던 것이다. 다만 이 수치가 구체적으로 무엇을 의미하는 것인지에 대해서는 알지 못했다.

그런데 콘덴서의 항목에서 설명했듯이 두 장의 평행 도체판에 전압을 걸어주면 전하가 유기되는데 전하량(Q)은 전압과 유전율(ϵ)에 비례한다. 이 콘덴서에 축적된 전하(Q)를 방전시켜서 도선에 전류(I)를 흐르게 했다고 하자(그림 60). 이 도선이 이를테면 지구자기와 같이 이미 알려진 자계(H) 속에 있으면 힘을 받는다는 것을 앙페르가 발견했다. 이 힘은 전류(I)와 자계(H)에 비례하며 비례상수가 투자율(μ)이라는 것은 3장에서 설명했다(3장 앙페르의 법칙 참조).

이상의 실험으로 콘덴서에 가하는 전압과 전하를 방전시켰을 때 힘의 측정으로부터 ϵ와 μ의 곱을 알게 되고 $1/\sqrt{\mu\epsilon}$ 의 값이 구해진다. 이렇게 해서 구한 최초의 측정값이 1856년 베버(Weber)에 의해 발표되었는데 초속 31만 킬로미터였다. 빛의 속도인 초속 30만 ㎞에 매우 가까운 값이었다.

이 베버의 측정 결과로부터 맥스웰은 바로 빛이 전기의 파동이라고 예상했다. 1864년의 일이었다. 속도의 단위를 갖는 $1/\sqrt{\mu\epsilon}$의 측정값이 빛의 속도와 같다는 것만으로 빛을 전기의 파동이라고 결정해 버린다는 것은 이상한 것 같기도 하지만 다음의 이유에서 맥스웰의 예상이 매우 자연스러운 추론이라고 볼 수 있다.

(1) 빛은 진공 속을 전파한다.

(2) 전기력선과 자기력선은 진공 속에 생긴다.

(3) 맥스웰은 매달설(媒達說), 즉 전기력선이나 자기력선은 이웃에서 이웃으로 차례로 전파한다는 설을 믿고 있었다.

빛이 전기의 파동이라는 것은 이미 패러데이가 막연하게나마 예감하고 있었던 것 같다. 맥스웰은 패러데이가 사용한 전기력선과 자기력선에 특별한 흥미를 가지고 늘 역선을 머릿속에 그려보고 있었다. 그렇다면 맥스웰은 어떻게 해서 빛과 전기력선이나 자기력선을 결부시켰던 것일까?

맥스웰의 예언

4장 첫머리에 나온 전선을 전도하는 모스신호의 속도에 대해 조사해 보기로 하자. 전선의 형상으로는 〈그림 61〉의 (a)에서 보였듯이 두 장의 평행 도체판으로 구성되어 있는 전선을 생각한다. 이렇게 생각하면 전기력선과 자기력선이 직선이 되어 이야기가 간단해지기 때문이다.

이와 같은 선로는 전기 에너지를 보내는 목적에 있어서는 송전선(送電線)이라고 부르지만, 통신을 목적으로 하는 것을 포함해서 일반적으로는 전송선로(傳送線路)라고 부른다. 이 전송선로의 왼쪽 끝단은 스위치를 통해서 전지와 연결되고, 오른쪽 끝

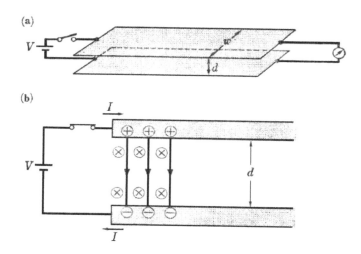

〈그림 61〉 설명을 위해 생각한 평행 평판 전송선로(위)와 스위치를
닫는 순간에 생기는 전기력선과 자기력선(아래)

단에는 전압을 검출하기 위한 미터가 접속되어 있다.

이 전송선로를 통하여 신호를 보내기 위해 스위치를 닫는 순
간을 생각해 본다. 〈그림 61〉의 (b)는 이때의 전송선로의 왼쪽
끝단을 보인 것인데 상하 도체판 사이에는 전압(V)이 걸리기
때문에 거기에 전기력선이 생긴다. 도체판의 간격은 d이므로
전계(E)는 V/d가 된다.

전기력선은 전하로부터 발생하기 때문에 위 도체판에는 양전
하가, 아래 도체판에는 음전하가 존재한다. 스위치를 닫기 전에
는 이들의 전하가 없었기 때문에 스위치를 닫은 후에 전지로부
터 이 위치로 이동했다는 것이 된다. 즉 그림에 보였듯이 전류
(I)가 흐른 것이다. 도체판에는 서로 반대 방향의 전류가 흐르
기 때문에 도체판 사이에 자계(H)가 생긴다(3장 송전선 주위의

전계와 자계 후반부 참조). 그림에서는 ⊗표가 자기력선을 나타내고 있다.

〈그림 61〉의 ⓑ를 확대한 것이 〈그림 62〉의 ⓐ이다. 여기서 〈그림 62〉에 보인 점선을 1주의 길이라 해서 패러데이의 법칙을 적용하면 다음과 같다.

(전계) × (1주의 길이)

= (투자율) × (그 면을 통과하는 자기력선의 증가한 몫)

E × d = μ × (Hdx의 증가한 몫)

1주의 거리를 d라 한 것은 점선 가운데에 전계가 있는 곳의 거리만을 취하기 때문이다. 즉 왼쪽 상하 방향의 점선 길이가 d다. 상하의 가로 방향 점선은 전기력선에 직각이기 때문에 1주의 길이로는 생각하지 않는다. 또 오른쪽 상하 방향의 점선 위치에서는 아직도 전계가 제로이기 때문에 1주의 길이로 고려하지 않는다. 그 결과 전체 자기력선의 수는 자기력선의 밀도인 자계(H)와 면적(dx)의 곱이 된다.

전계와 1주 길이의 곱이 갖는 의미는 무엇일까? 전계는 전압의 기울기이므로(그림 27) 전계와 길이의 곱은 전압이 된다. 여기서 1주의 길이로 이를테면 〈그림 62〉의 ⓑ 점선의 경우를 생각해 보자. 이것은 〈그림 62〉의 ⓐ보다 시간이 조금 지난 뒤라고 생각해도 된다. 이때의 전압을 표고와 같은 산의 높이로 제시해 보기로 하자. 아래 도체판의 전압을 제로(표고 제로, 바다의 높이)라고 하자. P, Q는 아래 도체판 위의 점이고, R, S는 위 도체판 위의 점이다. 이 쐐기형 산의 높이가 전압의 크기를 나타내고 있다(〈그림 62〉의 ⓑ′ 참조).

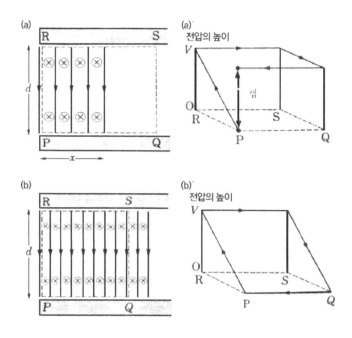

〈그림 62〉 패러데이 법칙의 적용과 전압의 크기

　도체판의 간격은 d이므로 전계(E)와 d의 곱은 전압(V)이 된다. 그런데 RS 위에서는 전압이 일정하고 그 기울기인 전계는 제로이기 때문에 전계와 길이의 곱도 제로가 된다. SQ 위에서는 S로부터 Q를 본 전압의 기울기가 마이너스이기 때문에 전계와 길이(d)의 곱은 -V가 된다. 이와 같이 전계와 길이의 곱은 플러스, 마이너스를 포함한 높이로 나타나며 본래의 위치로 돌아오면 출발점과의 높이 차가 없어진다. 따라서 전계와 1주 길이의 곱은 제로가 된다.

　그런데 〈그림 62〉의 ⒜ 경우의 전압을 보이면 〈그림 62〉의

(a)′와 같이 된다. 점선 PR, RS, OP 위에서 전계는 〈그림 62〉의 (b)′와 같으나 다른 것은 점선 SQ이다. 이 위치에는 전기력선이 없으므로 S점과 Q점의 전압은 같은 것이다. 따라서 전압의 값은 〈그림 62〉의 (a)′ 화살표처럼 되고 1주 하면 차가 생긴다. 이 전압의 차는 자기력선의 시간적 변화, 바꿔 말하면 「그 면을 통과하는 자기력선의 증가한 몫」에서 생긴다고 하는 것으로 패러데이의 법칙이다.

같은 현상에 앙페르의 법칙을 적용하면 어떻게 될까?

이번에는 전송선로를 위쪽에서 본 것이 〈그림 63〉이다. 도체판의 너비는 w이고 여기서는 ⊗표가 전기력선을 나타내고 있다. 여기서 점선을 1주의 길이로 해서 앙페르의 법칙을 적용하면 다음과 같이 된다.

(자계) × (1주의 길이)

= (유전율) × (그 면을 통과하는 전기력선의 증가한 몫)

$H × w = ε × (Ewx의 증가한 몫)$

1주의 길이를 w로 한 것은 왼쪽 상하 방향의 점선 거리가 w이기 때문이다. 가로 방향의 점선은 자기력선과 직각이기 때문에 거리로 생각하지 않는 것이 앙페르의 법칙이다. 오른쪽 상하 방향의 점선은 자계가 없기 때문에 1주의 거리에는 넣지 않는다. 이 때문에 점선으로 둘러싸인 면을 통과하는 전체 전기력선의 수는 전기력선의 밀도인 전계(E)와 전계가 있는 면적 wx의 곱이 된다.

전계(E)는 전압(V)에 의해, 자계(H)는 전류(I)에 의해 결정되므로 Hdx나 Ewx 중에서 변화할 수 있는 것은 x뿐이다. 이들

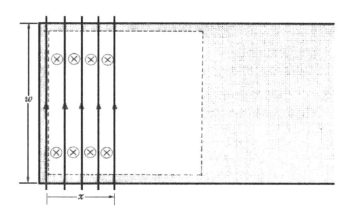

〈그림 63〉 앙페르 법칙의 적용

두 개의 식 Ed=μ×(Hdx의 증가한 몫)과 Hw=ε×(Ewx의 증가한 몫)의 곱을 취하면 다음과 같이 된다.

EHdw = $\mu\varepsilon$ HEdw(x의 증가한 몫)^2

x의 증가한 몫은 신호가 전달되는 속도이기도 하므로 이것을 c라 하면 다음의 식이 얻어진다.

$$c = \frac{1}{\sqrt{\mu\epsilon}}$$

이것은 베버가 실험에서 구한 초속 31만 킬로미터이며 전기력선과 자기력선은 빛의 속도로 전파한다는 것을 의미하고 있다. 이것을 기초로 맥스웰은 빛을 전기의 파동이라고 생각했던 것이다. 또 패러데이의 법칙에서 얻어지는 식을 앙페르의 법칙에서 얻어지는 식으로 나누면 전계(E)와 자계(H)의 비를 구할수가 있다. x의 증가한 몫은 분모와 분자로 약분(約分)되기 때문에 다음의 관계를 알 수 있다.

$$\frac{E}{H} = \sqrt{\frac{\mu}{\epsilon}} = 377(\Omega)$$

이것은 전기력선과 자기력선이 빛의 속도로 진행하고 있을 때에는 전계와 자계의 비가 일정해지고 그 값은 약 377Ω이라 는 것을 나타내는 중요한 식이다.

가이드 된 파동으로부터 전자기파로

전지와 스위치와 전송선로를 조합해서 신호를 보낼 경우는 스위치의 단속(斷續)에 의하는 것이 보통이다. 모스부호에서 알 파벳 a는 •―이므로 시간에 대해 〈그림 64〉의 위 그림과 같이 변화하는 전압을 전송선로에다 주면 된다.

전송선로에 전압을 가해서 전기력선을 만들면 그 역선은 빛 의 속도로 진행한다는 것을 알았다. 그렇다면 넣었던 스위치를 끊었을 경우에는 어떻게 될까? 〈그림 64〉의 아랫단은 전송선 로로 단·장(短•, 長―)을 보낼 때의 전기력선과 자기력선을 보인 것이다. 자세한 설명은 생략하겠으나 앞 절(節)에서와 같은 방 법으로 이제까지 존재하던 전기력선과 자기력선이 없어지는 뒤 쪽 위치도 오른 방향으로 빛의 속도로 진행하는 것이다. 이것 도 모두 패러데이의 법칙과 앙페르의 법칙을 만족시키기 때문 이다. 따라서 여기에 보인 전기력선은 이 형태 그대로 오른 방 향으로, 빛의 속도로 진행하고 있다.

이를테면 〈그림 64〉의 윗단에서 단(•)의 길이가 1초일 때는 〈그림 64〉의 아랫단에서 단이 계속되는 거리는 30만 ㎞가 된 다. 단의 길이가 0.01초(실제의 수동통신에서는 0.02초쯤)이라

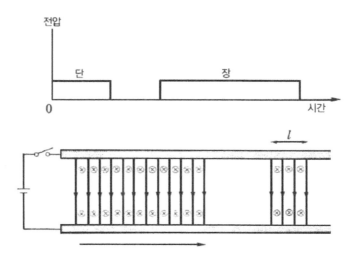

〈그림 64〉 a의 모스부호와 그때의 전기력선과 자기력선

도 3,000㎞가 되므로 신호가 전달되는 속도가 매우 빠르다는
것을 알 수 있다.

전자계산기 등의 데이터(Data)를 전송할 때도 보통 스위치의
단속을 통해 한다. 이 경우 단의 길이가 0.01초(Nano초라고
한다) 이하가 되는 따위의 신호 전송도 하고 있다. 단이 1나노
초인 때의 길이(l)는 30㎝이므로 이 수준에서 보면 빛의 속도
가 의외로 느리다는 느낌이 들지 모른다.

지금까지의 설명은 전지에 의한 직류전류를 토대로 하고 있
는데 전지 대신 교류전원을 사용하는 전송선로도 있다(그림
65). 교류전원은 그 전압이 시간에 대해 〈그림 66〉과 같이 변
화하는 것으로서 가정용 전등선도 전압이 교류다.

〈그림 65〉는 스위치를 닫고 교류전원과 전송선로를 접속한

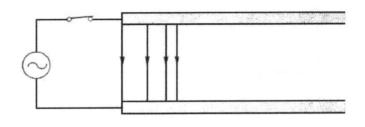

〈그림 65〉 교류전원을 접속한 전송선로

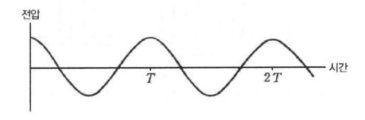

〈그림 66〉 교류전압

직후의 상태를 보였는데 전기력선이 빛의 속도로 오른 방향으로 진행하는 것은 모스부호의 경우와 같다. 모스부호처럼 전기력선이 단속되는 경우에도 전기력선은 그 형태 그대로 오른 방향으로 빛의 속도로서 진행한다. 그 때문에 전압이 〈그림 66〉과 같이 변화했을 때도 전기력선은 그 형태를 유지하면서 오른 방향으로 빛의 속도로서 진행한다는 것을 금방 상상할 수 있을 것이다.

교류전원과 전송선로 사이의 스위치를 닫고 나서 얼마 동안의 시간이 지난 뒤의 전기력선의 모양을 〈그림 67〉에 보였다. 그림의 아래쪽에는 전계와 자계의 세기도 제시했다. 이미 설명

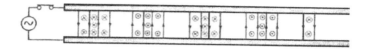

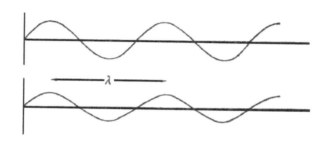

〈그림 67〉 교류 전송선로를 진행하는 전기의 파동

한 바와 같이 자계의 377Ω배가 전계이므로 자계는 전계와 똑같은 모양으로 변화한다는 것을 알 수 있다.

전계의 파형은 그 형상을 유지한 채로 빛의 속도로서 오른방향으로 진행하기 때문에 장소를 고정시켜 놓고 보면 전계는 시간에 대해 교류전압과 똑같이 변화한다. 전계는 시간적으로나 장소적으로도 반복하고 있는데 본래의 상태가 되는 시간이 주기(T)이고 거리가 파장(λ)이다. 시간(T) 사이에 파동은 λ만큼 진행하므로 파동의 속도(c)는

$$c = \frac{\lambda}{T} = f\lambda$$

가 된다. 주기의 역수가 주파수(f)이다.

여기까지의 설명에서는 상하 도체판의 간격을 d, 도체판의 너비를 w로 했으나 이 간격(d)이나 너비(w)를 아무리 크게 하

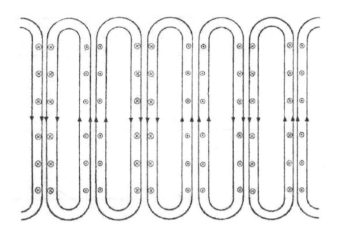

〈그림 68〉 도체판의 간격을 무한히 확대한다면……

더라도 모순되는 일은 없다. 도체판의 간격과 너비를 점점 크게 해서 무한대가 된 극한을 생각한다면 도체판이 없더라도 전기력선과 자기력선의 파동은 전파한다는 것을 알 수 있다. 이 우주 전체가 무한대의 간격과 너비를 가진 도체판 사이에 끼어 있다고 생각할 수 있는 것이다. 다만 도체판이 없어지면 상하에서 전기력선이 연결되어 〈그림 68〉과 같은 모양이 된다. 진공 속에서 전기력선과 자기력선은 끊어지지 않는 성질을 지니며 종이면에 대해 수직인 자기력선도 먼 곳에서는 전기력선과 같이 서로 연결되어 있다. 지금까지 늘 도선과 도체판을 생각하고 그것을 바탕으로 해서 '가이드 된 파동'(3장 전력은 공간을 간다 후반부 참조) 또는 '전기의 파동'이라고 말해온 파동은 도선, 즉 가이드가 없더라도 존재하는 것을 확대해서 생각할 수 있다.

이것이 맥스웰이 생각한 전기력선과 자기력선의 파동, 즉 전자기파이며 빛의 모습이다. 대부분의 과학자들 사이에서도 빛의 전자기파설(光電磁氣波說)은 의문시되고 있었기 때문에 이것을 실증하는 일이 다음번의 문제인데 그 전에 전자기파의 반사와 굴절에 대해 설명하기로 하겠다.

평면파는 왜 반사하는가?

두 장의 평행 도체판으로 구성된 전송선로에 교류전원을 접속하고 도체판의 너비와 간격을 아주 크게 한 극한에서 전기력선과 자기력선은 서로 직교하는 직선이 된다. 이와 같은 파동을 평면파(平面波)라고 한다. 평면파에서는 파동이 진행하는 방향으로 수직인 면 안의 전계와 자계는 같은 세기로 되어 있다.

우리 주변에 있는 평면파에 가까운 파동은 빛이다. 빛의 반사나 굴절은 자주 경험하는 현상이지만 왜 빛의 반사가 일어나며 또 빛이 공기 속에서 물속으로 들어갈 때는 왜 굴절해야만 하는 것일까?

전자기파 반사의 대표적인 예는 도체판에 의한 반사다. 〈그림 69〉의 (A)는 예에 따라 두 장의 평행 도체판으로 구성된 전송선로이다. 윗단에는 오른 방향으로 빛의 속도로 진행하는 전기력선과 자기력선을 보였다. 아랫단은 윗단의 전송선로를 중앙의 흑점(●)을 중심으로 해서 180도 회전시킨 것인데, 전기력선과 자기력선은 왼쪽 방향을 향해 빛의 속도로 진행하고 있다.

〈그림 69〉를 보아 금방 알 수 있는 일이지만 상하의 전송선로에서 자기력선은 같은 방향이 되지만 전기력선은 반대 방향이 된다는 것에 주의하기 바란다. 전송선로를 180도 회전했기

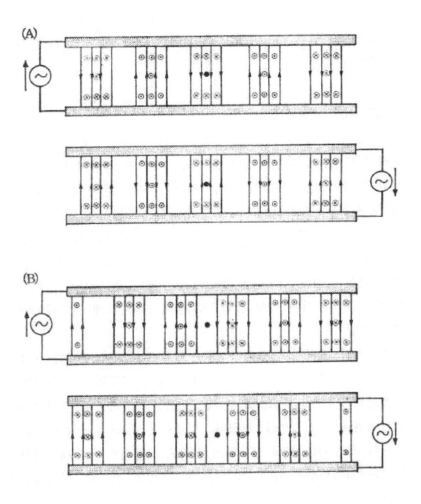

〈그림 69〉 전송선로를 진행하는 전기력선과 자기력선, 윗단의 전송선로를 중
앙의 ●표를 중심으로 180도 회전시킨 것이 아랫단의 전송선로다

〈그림 70〉 전계와 자계와 파동의 진행 방향

때문에 당연한 일이다. 이들 그림으로부터 오른나사를 전기력선의 방향에서 자기력선의 방향으로 회전시켰을 때 나사가 도는 방향으로 전자기파가 진행한다는 것을 알 수 있다(그림 70).

〈그림 69〉의 (A)가 상하 전송선로를 중합(重合)시켰을 경우를 생각해 보자. 즉 전송선로 양 끝에 극성(極性)을 거꾸로 한 교류전원을 접속한 것과 같다. 이 경우 전송선로의 중앙에서는 양 끝에서 온 전기력선의 밀도가 같고 방향이 역이기 때문에 전계는 늘 제로가 된다.

전송선로 중앙에서 전계가 늘 제로가 된다는 것은 전송선로 중앙에 커다란 도체판을 두었을 때와 똑같은 것이 된다. 〈그림 71〉의 ⓐ는 이것을 보인 것이며 오른쪽 절반을 점선으로 한 것은 오른쪽 절반이 없더라도 왼쪽 절반이 변화하지 않기 때문이다. 중앙의 큰 도체판은 빛의 경우의 거울과 같은 작용을 하고 있다. 거울에서는 자신의 상(像)이 좌우 반대가 되어 거울 속에 보이는 것과 마찬가지다. 실제로 그림 속의 점선은 실선의 상이라고 불린다. 또 두 도체판의 간격과 폭을 더불어 크게

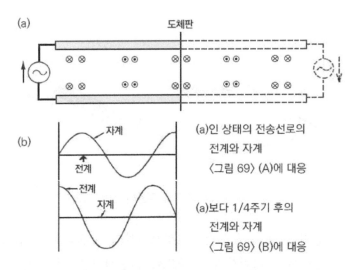

〈그림 71〉 도체판으로 단락한 전승선로(a)와 그 전계와 자계(b)

하면 도체판 사이에는 평면파에 가까운 전자기파가 생긴다는 것은 앞에서 말한 그대로이다.

〈그림 69〉의 (A)에서 보인 상하 전송선로에서는 전기력선이 어느 위치에서도 역방향으로 되어 있기 때문에 두 전송선로 전계의 합은 어느 위치에서나 제로가 된다. 이 그림에 보인 시간보다 4분의 1주기가 경과했을 때, 즉 전기력선이 좌우로 4분의 1파장을 진행했을 때의 상태를 생각한다면 이번에는 어느 위치에서도 자계의 합이 제로가 되는 것을 알 수 있다(〈그림 69〉의 (B) 참조).

전계가 제로가 되는 경우와 자계가 제로가 되는 경우의 자계와 전계를 그림으로 보면(〈그림 71〉의 (b) 참조) 이것은 1장에서 구한 음파에서의 정재파(定在波)와 같은 형상이고(그림 11) 전계와 자계는 공기 '입자'의 압력과 속도에 대응하는 것을 알 수 있다. 전자기파의 전계와 자계, 음파의 압력과 속도, 그네의 추의 높이와 속도 등은 모두 같은 구실을 하고 있는 것이다.

다음에는 전자기파가 공기 속에서 물속으로 들어갈 때 물의 표면에서는 어떤 일이 일어나는가를 생각해 보기로 하자. 전자기파에 있어서 공기와 물의 차이는 물속에서는 진행 속도가 느려진다는 점이다. 느려지는 비율은 전자기파의 주파수에 따라 달라지지만 빛의 경우에는 1.5분의 1배로, 텔레비전 등의 전파에서는 9분의 1배가 된다.

이때 1.5나 9는 물의 굴절률(屈折率)이라고 불리며 보통 n으로 나타낸다. 이것은 공기의 유전율(ε, 진공에서와 거의 같다)의 n^2배가 물의 유전율 $n^2\varepsilon$이라는 것을 뜻하고 있다.

전자기파가 수면으로 들어갈 경우 공기와 물의 경계면 양쪽 전계는 늘 같다(그림 72). 자계에 대해서도 전적으로 같으며 자계는 경계면의 양쪽에서 같아진다.

풀(Pool) 속에 잠겨 있어도 물 밖의 소리가 들려오기 때문에 음파도 공기 속에서 물속으로 들어갈 수가 있다. 음파에는 매질(媒質)인 입자나 분자의 압력과 속도(파동의 속도가 아니다)가 있는데, 경계면 양쪽의 압력과 속도가 같다. 경계면 위에 굉장히 무거운 것이 없는 한 공기의 압력은 그대로 물에 가해지는 압력이 될 것이다. 또 경계면에 수직 방향(음파가 진행하는 방향)의 입자나 분자의 속도가 양쪽에서 같아지는 것은 쉽게 이해할 수 있다. 파동을 구성하는 두 종류의 것, 즉 압력과 속도, 전계와 자계 등이 더불어 경계면의 양쪽에서 같아지는 것은 자연스러운 일이다.

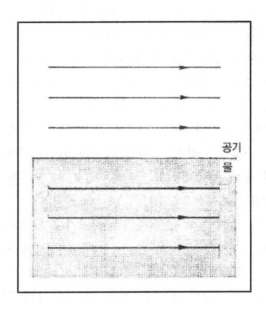

<그림 72> 경계면 양쪽의 전기력선

  공기 속으로부터 물의 표면으로 향하는 전자기파(입사파(入射波)라고 한다)의 전계를 E_i, 자계를 H_i라 하고 물속으로 진입한 전자기파(투과파(透過波)라고 한다)의 전계를 E_t, 자계를 H_t라고 하자(<그림 73>의 (a) 참조).

  전계로부터 자계 방향으로 오른나사를 회전했을 때 나사가 진행하는 방향이 전자기파가 진행하는 방향이다. 빛의 속도로 진행하는 전자기파에서 전계와 자계의 비는 일정한 값

$$\sqrt{\frac{\mu}{\epsilon}}\ (\Omega)$$

이 된다(4장 맥스웰의 예언 후반부 참조). 물의 유전율은 $n^2\epsilon$이

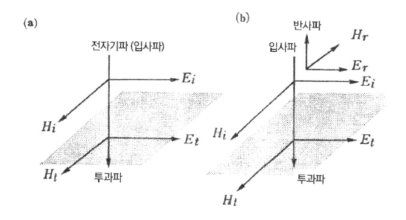

〈그림 73〉 입사파, 투과파, 반사파

므로 다음과 같이 물속에서 전계와 자계의 비의 n배가 공기 속의 전계와 자계의 비가 된다.

$$\frac{E_i}{H_i} = n \frac{E_t}{H_t}$$

그런데 경계면 양쪽에서 전계와 자계는 더불어 같아지지 않으면 안 된다. 즉

$$E_i = E_t, \quad H_i = H_t$$

이들 식을 동시에 만족시킬 수가 없기 때문에 새로운 파동, 즉 물 표면에서의 반사파가 생겨야 하는 것이다.

물 표면에서의 반사파의 전계를 E_r, 자계를 H_r이라 하면 전체 전계나 자계는 〈그림 73〉의 (b)와 같이 나타낼 수가 있다.

반사파가 진행하는 방향은 입사파와는 반대이기 때문에 자계의 방향은 입사파와 반대로 되어 있다. 경계면 양쪽의 전계와

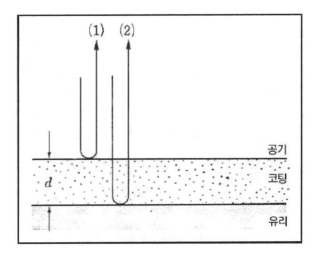

〈그림 74〉 코팅에 의한 반사파의 감소

자계가 같다는 것에서부터 다음과 같은 식이 나온다.

$$E_i + E_r = E_t, \quad H_i - H_r = H_t$$

전자기파가 진행하고 있을 때 전계와 자계의 비는 정해져 있지만 서로 다른 매질로 진행해 가면 전계와 자계의 비가 변화하기 때문에 그 차이만큼 반사되는 것이라고 생각할 수 있다.

반사가 일어난다는 것은 보통 바람직하지 못한 현상이다. 이를테면 카메라나 안경의 렌즈는 유리인데 유리의 유전율은 공기와 다르기 때문에 표면에서 반사가 일어나고 투과하는 빛은 감소된다. 이 때문에 표면에서의 반사를 적게 하는 대책이 취해지고 있다.

〈그림 74〉는 그 원리를 보인 것으로 유리 표면에 어떤 재료를 두께가 d가 되게끔 도장(Coating이라 한다)한다. 이 재료의

유전율은 공기와 유리 사이의 값이며 코팅의 두께(d)는 약 4분의 1파장으로 한다. 코팅의 표면에서 반사된 빛 (1)과 유리의 표면에서 반사된 빛 (2)가 진행한 거리의 차는 두께(d)의 2배이므로 반파장이 된다. 반파장이 처진 파동은 전기력선과 자기력선의 방향이 반대가 되어 서로 상쇄해 반사가 적어지는 것이다. 실제로는 여러 가지로 파장이 다른 빛에 대해 반사를 적게 하기 위해 여러 층에 걸쳐 굴절률이 다른 재료가 코팅되고 있다.

평면파가 굴절하는 이유

빛이 공기 속에서 물속으로 들어갈 때 경계면에 대해 비스듬한 방향으로부터 입사(入射)하면 진행 방향이 구부러진다는 것은 빛의 굴절(屈折)로 잘 알려져 있다. 그렇다면 물속으로 들어갈 때 어느 쪽으로 구부러지는지 금방 대답할 수 있을까? 이제부터 설명할, 빛이 굴절하지 않으면 안 되는 이유를 알고 있다면 이 물음에 대답이 가능할 것이다.

시간은 물속에서 측정하건, 공기 속에서 측정하건 당연히 같다. 파동이 진동하는 주기는 공기 속이나 물속이나 마찬가지이고 그 역수인 주파수도 같아진다. 그러나 전자기파가 진행하는 속도는 공기 속과 물속에서 달라진다. 그리고 주파수와 파장의 곱이 속도이기 때문에 공기 속과 물속에서는 전자기파의 파장이 달라지게 된다. 공기 속과 비교해서 물이나 유리 따위 속에서는 파장이 짧아지는 것이 보통이다.

전자기파가 오른쪽으로 비스듬히 아래 방향으로 진행하고 있는 경우를 생각해 보자(〈그림 75〉의 (A) 참조). 오른쪽 위로 치켜올라간 직선은 전계와 자계가 제로가 되는 위치를 연결한 것

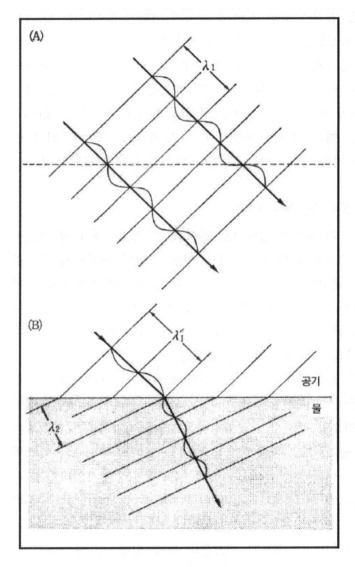

〈그림 75〉 오른쪽 아래 방향으로 진행하는 전자기파(A)와
수면에서의 굴절(B)

으로 이것들은 직각 방향(오른쪽 아래 방향)으로 빛의 속도로
진행하고 있다. 공간에서 같은 상태가 되는 간격이 파장이고
〈그림 75〉에서 λ_1로 가리키고 있다. 그런데 그림의 점선으로부
터 위가 공기이고 아래가 물일 경우에는 어떻게 될까? 물속에
서의 파장(λ_2)은 공기 속의 파장(λ_1)보다 짧기 때문에 〈그림
75〉의 (A) 그대로라고 한다면 이상하다. 물속에서의 파장을 공
기 속에서의 파장보다 짧게 하는 가장 자연스러운 방법은 〈그
림 75〉의 (B)에 보인 것과 같이 파동의 진행 방향이 구부러져
야 하는 것이다.

경계면 양쪽의 전계가 같으므로 공기 속에서 전계가 제로라
면 물속에서도 제로다. 따라서 〈그림 75〉에서 전계가 제로인
것을 가리키는 오른쪽 위로 치켜올라간 직선은 경계면에서 일
치해야 하기 때문에 진행 방향이 구부러지지 않는다면 아래쪽
파장을 짧게 만들 수 없다.

진행 방향이 얼마만큼 굴절하는가는 파장 λ_1과 λ_2의 차에 의
해 결정된다. 〈그림 76〉에 보였듯이 경계면에 수직 방향으로부
터 각도 θ_1의 방향에서 입사해서 θ_2의 각도로 투과할 경우를
생각해 보자. 그림으로부터 알 수 있듯이 a와 $\sin\theta_1$의 곱이 λ_1
이고 a와 $\sin\theta_2$의 곱이 λ_2이므로 a를 소거해서 다음의 식이
구해진다.

$$\frac{\sin\theta_1}{\sin\theta_2} = \frac{\lambda_1}{\lambda_2} = \frac{c_1}{c_2}$$

이것이 유명한 스넬(Snell)의 굴절 법칙이다. 파장과 주파수
의 곱이 속도이므로 c_1은 공기 속의 속도이고 c_2는 물속의 속
도다.

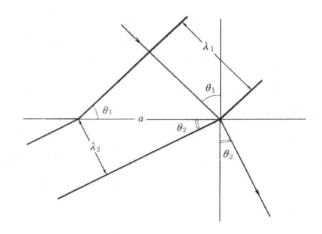

〈그림 76〉 굴절과 파장의 관계

풀 속의 A점에 공이 있고 풀 바깥의 B점으로부터 공 잡기 경기를 한다고 하자(〈그림 77〉의 (a) 참조).

풀 밖에서 달리는 속도(c_1)는 풀 속을 헤엄치는 속도(c_2)보다 는 빠르기 때문에 초등학교 학생이라도 (1)의 경로를 취하지는 않을 것이다. 어쩌면 저학년 학생은 직선 경로 (2)를 선택할지 모른다. 그러나 조금만 생각하는 학생이라면 멀리 달리는 풀 사이드의 거리를 다소 길게 하더라도 풀 속의 거리를 짧게 하는 (3)의 경로를 선택할 것이다. 수영이 능숙하지 못해 c_2가 매우 작은 학생은 풀 속의 거리를 최소로 만드는 (4)의 경로를 선택할 것이 틀림없다.

사실, B점에서 A점으로 가는 시간을 최소로 하는 경로가 빛이 진행하는 경로다. 가로축을 풀 사이드를 통과하는 위치로 잡고, 세로축을 B점에서 A점으로 가는 데 소요되는 시간을 나타낸 그래프 〈그림 77〉의 (b)를 보면, 스넬의 법칙을 만족하는

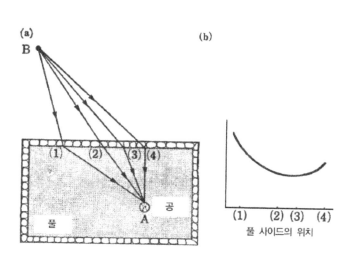

〈그림 77〉 풀 속의 공 잡기 경기

(3)의 위치에서 풀로 들어가는 것이 가장 빨리 공에 도달하는 것임을 알 수 있다.

반사나 굴절이 있을 때에 빛이 진행하는 경로는 전파(傳播)에 소요하는 시간이 최소가 되는 경로를 취하는 성질이 있다. 빛이 늘 최소의 시간으로 목적지에 도달하려고 하는 것은 정말로 신비스럽게 느껴지는 성질이다.

〈그림 77〉의 (b)에서는 (3)의 위치에서 시간이 최소가 되는데 그래프로부터 알 수 있듯이 (3)의 위치로부터 약간 처지더라도 시간은 그리 변하지 않는다. 파동의 전파에 필요한 시간은 거리를 속도로 나눈 값이므로 그 경로에 있는 파수(波數, Wave Number)에 비례한다. 즉 A점과 B점 사이에 있는 파수는 풀 사이드인 (3) 근처에서는 그다지 변화하지 않는다는 것을 의미하고 있다. 그 결과 A점에서 보면 (3) 가까이를 통과하는 파동

134

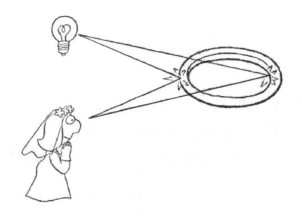

〈그림 78〉 전파 시간이 최소와 최대가 되는 경로

은 한데 합쳐지듯이 보인다.

태양광선이 반사되어 어떤 점이 반짝여 보이는 것은 그 점의 주위를 통과하는 빛이 한데 합쳐지기 때문이다. 빛이 합쳐지는 것은 전파하는 시간이 그 점의 주위에서 그다지 변화하지 않을 경우, 즉 최소 또는 최대가 되는 때이므로 빛은 전파 시간이 최소가 되는 경로와 더불어 최대가 되는 경로를 진행하는 것이다. 〈그림 78〉은 반지에서 반사되는 빛을 보인 것인데 전파하는 시간이 최소와 최대가 되는 경로를 취하는 예다.

신비하게 보이는 성질도 원리를 알고 나면 간단한 경우가 많다. 번개는 이상한 현상이었는데 이것을 신(神)의 노여움이라고 보는 입장과 전기의 방전이 아닐까 하는 입장이 있다. 어떤 현상을 보다 신비하게 보려는 것이 종교이고, 보다 간단하게 보려는 것이 과학이라고 하는 견해도 있을 수 있다.

5장
전자기파에 의한 통신

전자기파의 발생—헤르츠의 실험

"주파수 OO킬로헤르츠로 보내드렸습니다"라는 말을 방송에서 자주 듣는다. 전압의 볼트, 전류의 암페어, 전력의 와트, 저항의 옴과 더불어 주파수의 단위인 헤르츠(㎐)는 자주 사용되는 것으로 아마 베스트 5에 들어갈 것이다. 단위 이름은 남겨진 업적을 찬양해서 붙여지는데 헤르츠(Hertz)는 맥스웰이 예언한 전자기파의 존재를 실험에 의해 확인한 사람이다.

전기에 관한 단위 이름은 1881년과 1889년의 국제회의에서 결정되었다. 그 당시 생존해 있지 않은 사람의 이름 가운데서 각국의 균형을 고려해서 할당했었다고 한다. 볼타(이탈리아), 앙페르(프랑스), 와트(영국), 옴(독일) 등이 그것인데 헤르츠(독일)는 이 회의가 있은 뒤에 추가된 단위이다. 미국 사람으로는 코일의 유도를 연구한 헨리(Henry)가 코일의 인덕턴스(Inductance)의 단위 이름이 되었다. 헨리(Henry: H)는 콘덴서 용량의 단위인 패럿(Farad: F)에 대응하는 단위다. 패러데이는 영국 사람인데 영국 사람으로는 이미 와트와 에너지의 단위 이름인 줄(Joule: J)이 있었기 때문에 그리 유명하지 못한 단위 이름인 패럿이 할당되었는지 모른다.

전기에 관한 숱한 업적을 남긴 에디슨(Edison)은 미국 사람이지만 단위에는 그 이름이 남지 않았다. 당시의 미국은 신흥국가인 데다 과학보다는 기술에, 이학(理學)보다는 공학에 가치를 더 두고 있었다. 에디슨의 업적도 공학적인 것이 많았으므로 이학을 존중했던 유럽 사람들로부터는 낮은 평가를 받았었는지 모를 일이다.

그런데 빛의 속도로 진행하는 전기력선과 자기력선이 있다는 것을 맥스웰이 예언했던 당시, 빛의 파장은 1마이크로미터(μm: 1,000분의 1㎜) 이하라는 것이 알려져 있었다. 파장이 1마이크로미터인 전자기파를 발생시키는 데 필요한 전기력선의 진동수는 초속 30만 킬로미터를 1마이크로미터로 나누어 1초 동안에 300조 번(300조 ㎐, 300텔라헤르츠: ㎔)이 된다.

1초 동안에 300조 번이나 진동하는 전압이나 전류를 만든다는 것은 실제로는 곤란하기 때문에 맥스웰은 자신의 예언을 실험으로 확인하는 일을 아예 단념하고 있었다.

맥스웰의 전자기파 예언은 1871년에 발표되었는데 교류발전기는 그보다 앞서 이미 1860년경에 만들어져 전등을 켜는 실험이 행해지고 있었다. 당시 교류의 주파수는 20헤르츠 정도였다. 유감스럽게도 맥스웰은 주파수가 낮은 전자기파에 대해서는 예상조차 하지 못했다. 우리는 빛과 같은 전자기파와 일상적으로 이용하는 가정용 전기기 별개의 것이라고 생각하기 쉽다.

앙페르의 법칙에 따르면 발생되는 자계는 어떤 면을 통과하는 전기력선의 시간에 대한 증가 비율에 비례한다. 전기력선이 증가할 때와 감소할 때는 발생하는 자계의 방향이 반대가 되는데, 요컨대 전기력선이 급격하게 변화하면 발생하는 자계가 커진다. 이것은 전압이나 전류의 주파수가 높을수록 전자기파가 발생하기 쉽다는 것을 뜻하고 있다.

당시, 높은 주파수에서 전기적으로 진동하는 것으로는 라이덴병에 저장된 전하의 방전이 있었다. 라이덴병의 안쪽에 바른 은박에 접속한 단자(A)와 바깥쪽 은박으로부터의 단자(B)를 접근시키면 방전이 일어나고(그림 79) 이 방전의 밝기로 진동한다는 것이 알려져 있었다. 헤르츠는 이 방전을 교류전원으로 이

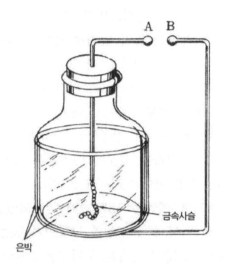

<그림 79> 라이덴병에 의한 방전

용했던 것이다.

헤르츠가 실험에 사용한 장치는 매우 간단한 것이었다. 〈그림 79〉와 같이 원리적으로는 직선 모양으로 배열한 두 줄의 도선 한쪽을 라이덴병의 안쪽에다 접속하고 다른 하나를 바깥쪽에 접속해서 끝부분 AB 사이를 접근시켜 방전하게 하는 것이 전자기파의 발생 장치다. 도선의 길이는 2~3미터다.

발생한 전자기파는 발생 장치로부터 10미터 이상 떨어져 있는 위치에 둔 직사각형 도선 루프로 검출했다(그림 80). 발생 장치의 AB 사이에서 방전이 일어나면 검출 장치의 CD 사이에서도 방전이 일어나는데 헤르츠는 방전이 일어나는 CD 간의 거리에서 검출될 전자기파의 세기를 측정한 것이다.

헤르츠가 고안한 실험 장치는 아주 걸작이었다. 헤르츠의 실

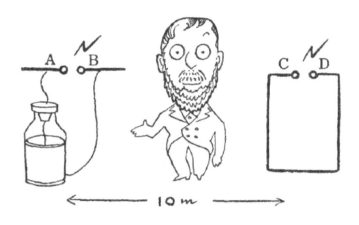

〈그림 80〉 헤르츠의 실험

험으로부터 약 100년이나 지났고 압도적인 과학기술 지식이
축적된 지금에도 "도선을 사용해서 콘덴서에 축적된 전하를 방
전시켜 전자기파를 발생시키고 이것을 검출하라"는 문제가 나
온다면 헤르츠와 같은 장치가 이용될 것이다. 헤르츠는 가능한
한 강한 전자기파를 발생시키고 또 그것을 검출하기 위해 수많
은 시행착오를 거듭한 결과 이와 같은 장치에 도달했던 것으로
생각된다.

  그렇다면 헤르츠의 실험 장치를 가리켜 왜 서슴지 않고 걸작
이라고 말할 수 있을까? 음파 발생 장치의 하나인 기타는 양
끝을 고정시킨 줄(弦)의 진동을 이용하고 있다(〈그림 81〉의 A).
이 줄의 진동은 좌우로 진행하는 파동의 합으로 나타나는 정재
파 진동인데(1장 기타 줄의 진동 참조) 줄의 진동과 마찬가지로

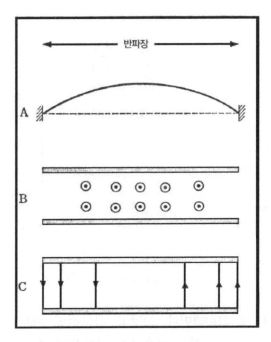

〈그림 81〉 정재파 진동

전기력선이나 자기력선도 정재파 진동을 한다. 〈그림 81〉의 B
는 전송선로에 정재파가 발생하고 있는 경우를 보인 〈그림
71〉 (a)의 일부로서 어느 순간의 자기력선을 가리키고 있다. 이
순간에 전기력선은 존재하지 않는다.

　이보다 시간이 4분의 1주기를 경과한 때의 상태가 〈그림
81〉의 C이다. 이 시간에는 자기력선이 없어지고 전기력선만이
존재한다. 이와 같이 시간에 따라 자기력선의 밀도, 즉 자계의
변화를 살펴보면 그것은 줄의 진동과 똑같은 형상이 되는 것을
알 수 있다. 또 이 그림에서 전송선로는 도체판이 아닌 원통의

도체로 되어 있다.

기타의 경우 줄이 진동하면 주위의 공기에 그 진동이 전달되어 음파가 확산하기 쉬워진다. 그러나 전송선로는 선로를 따라 전력을 보내주기 위한 것이므로 전기력선과 자기력선이 진동하더라도 전송선 밖으로는 확산하기 어려울 것이다. 여기서 전송선로를 〈그림 82〉와 같이 넓혀 본다. 〈그림 82〉의 (b)는 (a)에 보인 보통 전송선로의 왼쪽 끝의 AB를 중심으로 해서 도선을 상하로 넓혔을 때를 보여주고 있다. 이때의 전기력선이 그림과 같이 되는 것은 쉽게 상상할 수 있다. 〈그림 82〉의 (c)는 도선을 더욱 넓혔을 경우다. 직선이 되기까지 전송선로를 넓혀 놓으면 이미 전기력선이나 자기력선을 가두어 둘 곳이 없기 때문에 밖으로 확산하기가 쉬워진다. 즉 전자기파가 발생하기 쉬워지게 된다.

이와 같이 전기력선과 자기력선이 밖으로 확산하기 쉬운 구조로 만든 것이 안테나다. 시험관을 피리처럼 세워놓은 것 같은 안테나 주위에는 대체로 정재파 전계나 자계가 생기는데, 안테나에서 복사(輻射)되는 전자기파나 진행파가 되어 빛의 속도로 진행하는 것이다. 밖으로 확산하기 쉽다는 것은 거꾸로 외부에서 온 전기력선과 자기력선에 느껴지기 쉽다는 것을 뜻한다.

음파가 전파하는 데는 공기가 필요하듯이 빛이 전파하는 데도 무언가 필요할 것이라고 생각하는 것은 당연한 일이다. 그 때문에 우주 공간에는 에테르(Ether)라 불리는 가공적인 물질이 있다고 믿었던 시대에 진공을 전파하는 맥스웰의 『광전자기파설(光電磁氣波說)』이 나왔을 때 대부분의 과학자들은 반신반의했

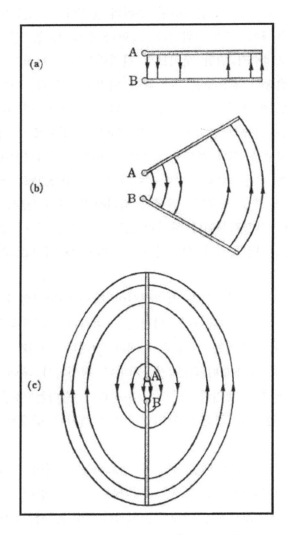

〈그림 82〉 도선을 넓히면 전자기파가 발생하기 쉽다

다. 헤르츠의 실험 결과는 1888년에 발표되었다. 어쨌든 빛의
정체에 관한 고대로부터의 논쟁에 종지부를 찍게 한 것이었으
므로 신문에서도 다루게 된 충격적인 사건이었다.

반파장 안테나로부터의 복사

교류전원에서 만들어진 전기 에너지를 전송선로로부터 공간
으로 효율적으로 복사(輻射)하는 것이 안테나이다. 공간을 진행
하고 있는 전자기파의 에너지를 효율적으로 전송선로에 끌어들
이는 것 또한 안테나의 역할이다. 공간에 효율적으로 전자기파
를 복사하는 안테나는 또 공간으로부터 효율적으로 전자기파를
흡수하는 성질을 가지고 있다.

헤르츠가 실험에 사용한 안테나는 한쪽이 반파장의 길이이기
때문에 전체로는 한 파장이 된다. 방전에서는 높은 전압이 발
생하기 때문에 전계가 커지는 끝머리 부분의 AB 사이에서 방
전을 시킴으로써 효율적으로 전자기파를 복사하게 할 수 있다.

전송선로로부터의 유추로 자계는 각 도선의 중앙부에서 커지
게 되고 이 자계를 전류가 만들기 때문에 도선에는 〈그림 83〉
의 ⓐ와 같은 전류가 흐르고 있다고 생각된다. 화살표는 전류
의 방향을 표시하고 있다. 복사되는 전자기파의 세기는 이 전
류의 크기에 비례하기 때문에 도선 위에 얼마나 큰 전류를 흘
려보낼 수 있느냐가 안테나 설계상의 중요한 포인트가 된다.

헤르츠의 실험에서는 라이덴병으로부터의 전선을 직접 AB에
다 접속하지 않고 AB에서 조금 안쪽으로 들어간 위치인 도선
에다 접속하고 있다(그림 80). 이것은 AB 사이의 전압을 높여
서 방전을 일으키고 또한 도선 위의 전류를 크게 만드는 지극

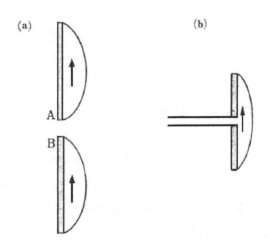

〈그림 83〉 한 파장 안테나(a)와 반파장 안테나(b)

히 교묘한 방법이다.

그런데 현재 가장 많이 사용되고 있는 안테나는 〈그림 83〉의 (a) 한쪽만을 이용한 안테나 (b)이다. 길이가 반파장이기 때문에 반파장(半波長) 안테나로 불리고 있다. 전자적(電子的)으로 주파수가 높은 교류를 만드는 발전기는 헤르츠가 실험한 방전과 비교하면 전압이 작고 전류가 큰 교류전원이다. 그 때문에 〈그림 83〉의 (a)와 같은 한 파장 안테나의 상하 반파장 도선 끝머리 부분이 아니라 〈그림 83〉의 (b)와 같이 반파장 안테나의 중앙부에서 전력을 공급하는 것이 보통이다.

반파장 안테나는 전자기파를 복사하는 기본적인 것이다. 반파장 안테나로부터 전자기파가 어떻게 복사되는가를 이해한다는 것은 통신 등에 이용되는 전파의 복사뿐만 아니라 전자기파의 일종인 빛이나 열의 발생기구(發生機構)를 이해하기 위해서

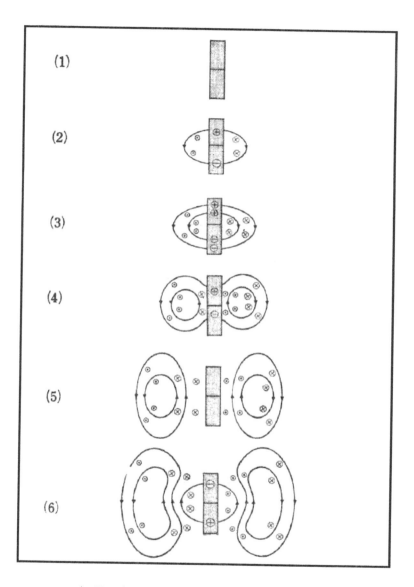

〈그림 84〉 반파장 안테나로부터의 전자기파의 복사

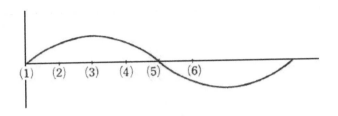

〈그림 85〉 안테나에 걸리는 교류전압

도 도움이 된다.

〈그림 84〉는 중앙에 교류전원을 접속한 반파장 안테나로부터 전자기파가 복사되는 모양이다. 다만 그림에는 교류전원이 생략되어 있다. 중앙에 접속한 교류전원의 전압을 시간을 가로축으로 해서 〈그림 85〉에다 보였다. 가로축의 번호에 대응하는 시간이 〈그림 84〉의 번호에 대응하고 있다.

시간 ⑴에서 안테나에 전원을 접속했다고 하자. 시간 ⑴에서는 전원전압이 제로이기 때문에 안테나 도선 위에는 전하가 유기되지 않는다. 시간 ⑵가 되면 위쪽의 도선에는 플러스, 아래쪽에는 마이너스의 전압이 걸리기 때문에 그림과 같은 전하가 유기된다. 이 유기된 전하에 의해 그림에 보인 것과 같은 전기력선이 생길 것은 확실한 일이다.

시간 ⑴에서는 없었던 곳에 전하가 생겼기 때문에 전류가 흐른 것이 된다. 위가 양전하, 아래가 음전하이므로 전원은 도선에 위 방향으로 전류를 흘려보낸 것이 된다. 전류가 흐르면 그림에 보인 것과 같은 자계(그림에서는 자기력선이 ⊙과 ⊗로 표시되어 있다)가 생기고 자계의 방향은 오른나사의 회전 방향이며 오른나사가 진행하는 방향이 전류의 방향이다.

시간 ⑶에서는 전압이 커지기 때문에 다시 전하가 유기되어 그림과 같은 전기력선과 자기력선이 생기는 것이 시간 ⑵의 경우와 같다.

시간 ⑷에서는 전원전압이 시간 ⑵와 같아진다. 그러나 전기력선과 자기력선은 ⑵로 되돌아가지 않고 다음에서 설명하지만 ⑷와 같이 된다는 점이 중요하다.

〈그림 84〉의 ⑵나 ⑶에 보인 전기력선과 자기력선의 방향은 앞의 4장에서 설명했듯이 전송선로에 전압을 가한 순간에 생기는 전기력선과 자기력선의 방향과 같다(〈그림 61〉의 ⒝ 참조). 이와 같은 관계에 있는 전기력선과 자기력선은 빛의 속도로 역선이 없는 좌우 방향으로 진행해야 한다는 것이 패러데이의 법칙과 앙페르의 법칙의 결과이다. 따라서 전기력선과 자기력선은 원상으로 돌아갈 수가 없기 때문에 〈그림 84〉의 ⑵가 아닌 ⑷와 같이 된다. 다만 ⑶과 비교해서 전압이 낮아지고 그 때문에 유기되는 전하는 감소해서 양전하와 음전하가 결합해 전기력선은 연결되어 버린다. 또 도선 위의 전하가 감소한다는 것은 아래 방향으로 전류가 흐르는 것과 같기 때문에 그림에 보였듯이 이번에는 전에 생긴 자기력선과는 반대 방향의 자기력선이 생긴다.

시간 ⑸에서는 전압이 제로이므로 유기되는 전하가 없기 때문에 모든 전기력선은 도선에서 떨어져 나가버린다.

시간 ⑹이 되면 전압의 크기는 ⑵와 같고 플러스, 마이너스만이 달라진다. 그 때문에 전기력선과 자기력선은 방향만이 반대이고 ⑵와 같아진다. 방향은 반대지만 ⑶, ⑷의 과정을 반복해서 전기력선과 자기력선이 확산해 가는 것을 알 수 있다.

도체에 전압을 걸어 전압을 흘려보내면 전기력선과 자기력선이 형성되고, 전송선로처럼 이들 역선을 가두어 두는 구조가 아닌 한 전기력선과 자기력선은 패러데이의 법칙과 앙페르의 법칙을 만족하기 때문에 확산해야만 하는 것이다.

이상은 서장(序章)에서 말한 어떤 유명 회사의 입사시험 문제에 대한 직접적인 해답이기도 하다. 이 해답을 얻기까지 벌써 수십 페이지를 소비했는데 그래도 중학생이 이해할 수 있을는지는 의문이다. 생각하면 참으로 죄 많은 입사시험 문제라고 해야 할 것이다.

무선통신과 전리층

헤르츠는 전자기파의 존재를 실증하는 데 성공한 뒤 기자 회견에서 "이 실험은 여러분의 생활과는 아무런 관계가 없습니다. 하나의 학설을 실증했을 뿐입니다"라고 말했다고 한다. 이 것이 1888년의 일인데 그보다 앞서 1866년에는 벌써 대서양을 횡단하는 해저케이블이 부설되어 유럽과 미국 사이의 통신에 사용되고 있었다.

헤르츠의 실험 장치에서는 방전에 의해 발생한 전자기파를 10미터쯤의 거리에다 둔 도선 루프 단자 사이의 방전에 의해서 검출하는 것이었다. 따라서 헤르츠가 전자기파를 통신에 응용하려는 생각을 하지 않았던 것도 당연한 일이었을 것이다. 헤르츠가 실험에 성공했다는 뉴스를 듣고 전자기파를 사용해서 무선으로 먼 곳에 모스부호를 보내려고 생각했던 마르코니(Marconi)가 도리어 이상한 사람이었을지도 모를 일이다.

전선에 의한 통신에서 이를테면 알파벳 A를 보낼 때는 송신 측에서 단•장(•—)이 되게끔 스위치를 닫으면 된다(〈그림 86〉의 A). 수신 측에서는 그림과 같은 전류가 흐르기 때문에 이것이 문자 A라는 것을 알게 된다. 이것에 대해 전자기파에 의한 무선통신에서는 송신 측에서 안테나의 단자를 단•장이 되게끔 방전시키는 것이다(〈그림 86〉의 B). 수신 측에서는 •—이 되는 전자기파를 수신하게 되는데 전자기파가 세면 수신 안테나의 단자 사이에서 방전된 신호를 검출할 수가 있으나 약할 때는 불가능하다.

해저케이블과 같은 전송선로라도 선로의 손실 등으로 수신단(受信端)에서의 전압이나 전류가 작아지면 검출이 곤란해진다. 무선통신에서는 전자기파가 모든 방향으로 복사되기 때문에 수신점에서는 아주 약해져 버리는 것이 보통이다. 그러므로 무선통신에서는 효율적인 전자기파의 수신과 검출이 중요한 문제가 된다.

불꽃방전에 의하지 않는 전자기파의 검출에는 코히러(Coherer)라고 불리는 것이 사용되었다. 코히러는 광석 라디오의 광석에 해당하는 것으로 전자기파가 왔을 때에만 전류를 흘려보내는 성질을 가졌기 때문에 〈그림 86〉의 B-ⓑ의 전자기파로부터 〈그림 86〉의 A-ⓐ와 같은 신호를 얻을 수가 있다.

마르코니는 1899년에 영불 해협을 횡단하는 무선통신에 성공하고 1901년에는 대서양 횡단의 무선통신에도 성공했다. 대서양 횡단에서는 발전기에서 얻은 2만 볼트를 방전시켜 교류전원으로 삼아 높이 M미터의 안테나로부터 송신했다. 수신용 안테나를 더욱 높이기 위해서는 연을 이용했다.

대서양 횡단의 무선통신에 성공함으로써 새로운 의문이 생겼

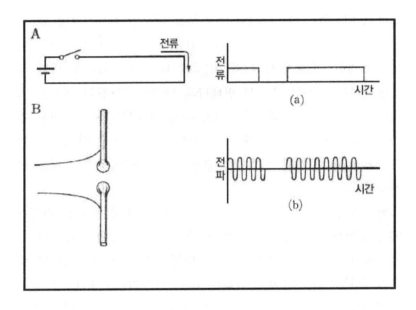

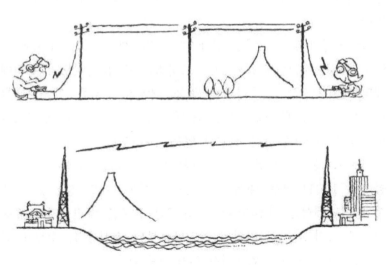

〈그림 86〉 유선과 무선에 의한 통신

다. 지구 표면은 구면(球面)인데도 어째서 전자기파가 도달할 수 있느냐는 문제였다. 전자기파의 파장을 100미터(주파수 3메가헤르츠)라고 하면 지구의 반지름은 6,700km이므로 파장 1마이크로미터의 빛이 반지름 6.7cm의 구면을 따라가며 진행하는 것과 같아진다. 빛이 구부러지지 않는 한 이것은 불가능한 것이 분명하다.

그렇지만 어쨌든 전자기파가 대서양을 횡단해서 전파한 것은 사실이기 때문에 수학자와 물리학자들은 어째서 전자기파가 구면을 따라 전파하는가를 연구했다. 그 결과 파장이 긴 쪽이 유리하다는 사실을 알았다.

파장이 1km(주파수 300킬로헤르츠)인 전자기파가 지구 표면을 전파하는 것은 파장 1마이크로미터인 빛이 반지름 6.7mm인 구의 표면을 전파하는 것에 해당한다. 파장이 10km가 되면 반지름 0.67mm의 구의 표면을 빛이 전파하는 것에 해당하므로 빛은 트릿(맺고 끊는 데가 없이 흐리터분하다)하게 되어 구의 뒤쪽까지 전파할 가능성도 있다. 이와 같은 것을 파동의 회절(回折)이라고 한다.

일본의 공영방송 NHK는 민간방송과 비교해서 공공성이 짙기 때문에 라디오나 텔레비전에서는 파장이 긴(주파수가 낮은) 전파를 사용하고 있다. 이것도 파동의 회절을 이용해서 서비스의 가능 지역을 넓히기 위한 것이다. 이를테면 관동(關東) 지방의 텔레비전에서는 100메가헤르츠 부근의 제1, 제3채널이 NHK이고 민간방송에는 300메가헤르츠 부근인 제4채널 이상이 할당되어 있다.

한편 한국의 공영방송 KBS는 제1TV, 제2TV, 제3TV로 나누어

운용하고 있으며 제1TV는 MBC와 함께 VHF채널(2~13채널 중 7~13채널 사용)을, 제2TV는 VHF의 7~13채널과 UHF의 제3TV의 14~90채널을, 교육방송용 제3TV는 UHF의 제3TV(14~90채널)로 방송하고 있다. VHF는 주파수나 2~6채널이 54~88㎒, 7~13채널이 174~216㎒이고, UHF는 14~90채널이 470~928㎒로 대역폭은 6㎒이다.

실제의 무선통신에서는 파장이 1㎞나 10㎞인 전자기파가 이용되었는데 주파수가 낮을수록 잡음이 많아 불리하다는 것을 알게 되었다. 잡음의 주된 원인은 번개이고 번개는 방전에 의해 일어나기 때문에 교류전원과 마찬가지로 주파수가 낮은 성분을 많이 포함하고 있다. 잡음에 대해서는 뒤에 자세히 설명하기로 한다.

그런데 파동의 회절을 생각한다고 하더라도 수신 측에 도달하는 전자기파가 계산했던 값보다 훨씬 강하다는 것, 수신 측에서는 전자기파가 강해졌다가 약해졌다가 한다는 것(페이딩(fading)이라고 한다) 등으로부터 연구자들은 전자기파에 두 종류의 전파 경로가 있다는 것을 깨닫기 시작했다. 종래부터 있던 구면을 따라가는 경로와 상공에서 반사되는 경로가 그것이다(그림 87).

송신점(A)에서 복사된 전자기파는 한편으로는 지구 표면을 따라가며 전파하고 다른 한편으로는 상공에서 반사되어 전파한다. 반사하는 위치가 변화하면 두 경로를 통해 B점에 온 전자기파의 전기력선이 같은 방향인 때는 합이 되고 또 역방향인 때는 차가 되기 때문에 전자기파의 세기가 변동한다.

지구 상공에는 지상보다 훨씬 강한 자외선이나 X선이 태양

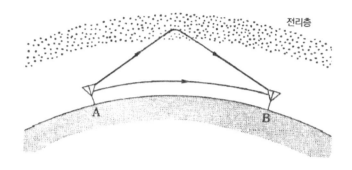

전리층

A   B

〈그림 87〉 전자기파의 전파 방법

으로부터 쏟아지고 있다. 지표에서 멀수록 산소나 질소가 적어
지는데 그래도 1,000㎞ 이상에까지 이것들이 존재한다.

　일반적으로 산소나 질소 등의 원자는 양전하를 갖는 원자핵
주위를 음전하를 갖는 전자가 회전하고 있는 모형으로서 생각
할 수 있다. 크기에는 굉장한 차이가 있으나 원자핵이 태양이
고 지구나 화성이 전자다. 이 원자에 큰 에너지를 가진 자외선
등이 충돌하면 바깥쪽 전자가 날아가서 원자핵으로부터 떨어져
자유로이 움직일 수 있는 전자가 된다. 이와 같이 전자가 원자
핵에서 떨어져 나가는 것을 전리(電離)라고 하며 전리된 전자가
층을 이루고 있는 것이 전리층(電離層)이다. 지표에서 50~100
㎞ 이상의 상공에 있다.

　자유로이 움직일 수 있는 전자, 즉 자유전자(自由電子)가 수
없이 있는 것이 도체이며 4장에서 설명했듯이 도체에 의해 전
자기파가 반사된다. 전리층도 이것과 같아 자외선 등에 의해
전리된 수많은 전자가 있고 이것이 전자기파를 반사하기 때문
에 지구의 뒤쪽과도 통신이 가능해지는 것이다.

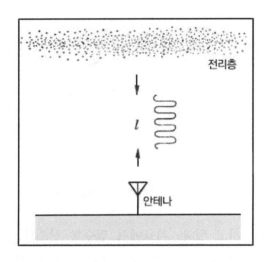

〈그림 88〉 펄스전파로 전리층의 높이를 측정한다

이리하여 전리층이 원거리 통신에서 중요한 역할을 한다는 것을 알게 되어 전리층의 연구가 활발해졌다. 지상 얼마쯤의 높이에 전리층이 있는가를 측정하는 방법으로는 전자기파의 짧은 펄스(pulse)를 복사해서 그것이 반사되어 되돌아오기까지의 시간을 재는 방법이 고안되었다(그림 88).

이 방법에서 전자기파의 펄스는 짧을수록 전리층의 높이 측정이 정확해진다. 이를테면 전자기파가 지속되는 길이(ℓ)는 펄스의 시간 폭이 1,000분의 1초인 때 300km가 되고 100만 분의 1초인 때는 300m가 되므로 짧은 펄스를 만드는 기술이 중요하다. 이 기술은 제2차 세계대전 중에 유럽과 미국의 레이더(Radar) 개발에서 결집된다.

전리층이 발견되었던 당시, 통신에 사용된 것은 주파수가 1 메가헤르츠보다 낮은 전자기파였다. 이것이 현재 라디오 등에 사용되고 있는 전파다. 같은 전자기파라도 빛이 전리층을 통과하는 것은 태양광선이나 달빛이 지상에 도달하는 것을 보면 확실하다. 그렇다면 왜 라디오의 전자기파는 반사되고 빛은 전리층을 통과할 수 있는 것일까?

전파의 창문, 빛의 창문

날씨가 좋은 날, 맑게 갠 밤하늘을 쳐다보면 별이 손에 잡힐 듯이 반짝이고 하늘은 끝없이 무색투명하게 어디까지고 내다보일 듯한 기분이 든다. 이것은 우리 눈이 느낄 수 있는 전자기파인 가시광선(可視光線)이 우연히도 지표의 대기를 통과할 수 있기 때문이다. 같은 전자기파라도 주파수가 30메가헤르츠 이하(파장 10m 이상)인 전자기파는 전리층에서 반사되어 버린다는 것은 무선통신의 역사가 가리키는 그대로다. 그러므로 10m보다 긴 파장의 '빛'밖에 느끼지 못하는 동물에게는 하늘이란 그저 캄캄한 암흑세계일 따름이다. 사실 하늘을 밝다고 느낄 수 있는 것은 대체로 그 파장이 0.1마이크로미터에서 1마이크로미터, 1cm에서 10m의 파장인 전자기파를 감지할 수 있는 '눈'을 가진 동물뿐인 것이다. 우리 인간이 볼 수 있는 가시광선의 파장은 이 중 0.4에서 0.8마이크로미터뿐이다. 즉 지구 밖으로부터 오는 전자기파 중 두 영역의 전자기파만이 지표에 도달하고 있는 것이다.

지구까지 도달하는 전자기파의 영역 중 파장이 짧은 쪽을 「빛의 창문」, 파장이 긴 쪽을 「전파의 창문」이라고 부르고 있다. 바로 지구 위에서 우주를 관찰할 수 있는 창문이다. 다만 비가 오거나 흐린 날에는 「빛의 창문」으로는 우주를 관찰할 수

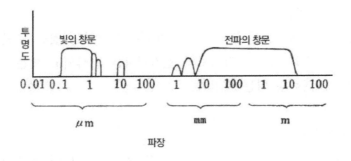

〈그림 89〉 전파의 창문과 빛의 창문

없다.

「전파의 창문」의 파장이 긴 쪽은 전리층의 반사에 의해, 또 파장이 짧은 쪽은 수증기나 산소 분자의 흡수에 의해 '창틀'이 만들어져 있다. 이것에 대해 「빛의 창문」은 이 창문보다 파장이 긴 전자기파와 파장이 짧은 전자기파가 수증기, 산소, 질소 등의 원자나 분자에 흡수되어 버리는 데서 구획되어 있다.

분자 등에 의한 전자기파의 흡수에 대해서는 6장에서 다루기로 하고, 여기서는 왜 전리층이 파장이 긴 전자기파를 반사하고 파장이 짧은 전자기파는 통과시키는가에 대해 생각해 보기로 한다.

전리층은 자유로이 움직일 수 있는 전자의 층인데 자유전자가 꽉 차 있는 도체의 내부와는 그 상태가 다르다. 전자의 밀도에 큰 차이가 있기 때문이다. 1입방미터 속에 있는 자유전자의 대체적인 수는 도체에서 10^{27}개이고, 전리층에서는 지표로부터 300㎞ 상공의 가장 많은 곳에서도 10^{12}개다. 공기 속의 산소나 질소 등의 분자 수는 1입방미터당 약 10^{25}개이므로 전리층 속의 전자밀도는 그것에 비하면 매우 작다.

　도체 내부에서는 전자의 밀도가 크기 때문에 전계를 걸어서 전자를 움직이면 서로 금방 충돌해 버린다. 그 때문에 전자는 전계에 의해서 가속되는 시간이 적기 때문에 전체적으로 본다면 전계에 비례한 속도로 이동한다. 전류는 전자가 이동하는 속도와 전자밀도의 곱으로 나타내는데 이동하는 속도가 전계에 비례한다는 것은 전류가 전압에 비례한다고 하는 옴의 법칙을 나타내고 있다. 전계는 전압에 비례하기 때문이다.

　그런데 전리층 속에서는 전자의 밀도가 작기 때문에 전자기파가 오면 그 전계에 의해 전자는 힘을 받아 자유로이 움직일 수가 있다. 예를 들어 교류전원에 접속한 두 장의 평행 도체판으로 구성된 전송선로를 사용해서 설명하기로 하자(그림 90). 선로 중앙에는 전자가 있다. 전자는 사실 음전하를 가지고 있으나 여기서는 설명을 간단하게 하기 위해 양전하를 가진 것으로 생각하기로 하자.

　〈그림 90〉의 전자에 가해지는 전계는 시간에 대해 〈그림 91〉의 ⑴과 같이 변화할 것이다. 전자에는 전하와 전계와의 곱에 의한 힘이 작용하기 때문에 힘의 파형도 〈그림 91〉의 ⑴과 같이 된다. 전자는 이 힘에 의해 운동하는데 질량을 지니고 있으므로

　　(질량) × (가속도) = (힘)

의 관계이며 가속도는 힘에 비례하고 결국 가속도도 〈그림 91〉의 ⑴과 같은 파형이 된다. 가속도는 속도가 증가한 몫, 즉 속도의 시간에 대해 변화한 몫이다. 따라서 전자의 속도가 〈그

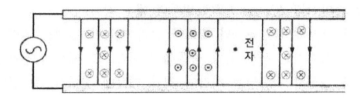

〈그림 90〉 전자기파 속에 있는 전자

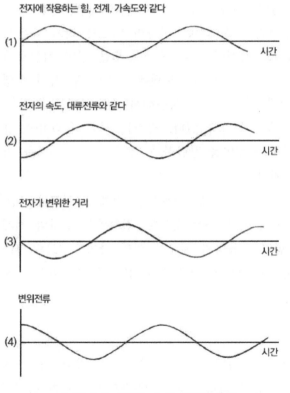

전자에 작용하는 힘, 전계, 가속도와 같다

(1)

시간

전자의 속도, 대류전류와 같다

(2)

시간

전자가 변위한 거리

(3)

시간

변위전류

(4)

시간

〈그림 91〉 전리층 속의 전자의 행동

림 91〉의 ⑵와 같이 변화하면 전자의 가속도와 전자에 작용하는 힘이 같은 파형이 된다. 또 속도는 전자가 움직인 거리의 시간에 대한 변화 몫이므로 전자가 움직인 위치는 〈그림 91〉의 ⑶과 같이 된다. 이 결과 전자는 ⑴에서 가리키는 전계의 방향과는 반대 방향으로 변위한다는 것을 알게 된다.

전류는 전하가 이동하는 속도에 비례하기 때문에 전리층 속에는 〈그림 91〉의 ⑵와 같은 파형의 전류가 흐른다. 이 전류는 전자가 이동함으로써 흐르기 때문에 대류전류이다. 그런데 지금까지 여러 번 나왔듯이 변위전류는 다음의 양으로서 나타낸다.

(유전율) × (전기력선의 증가한 몫)

전기력선이 증가한 몫은 전계가 증가한 몫, 즉 전계의 시간에 대한 변화 몫과 같은 파형이 된다. 이것에서부터 전기력선이 증가한 몫, 즉 변위전류가 〈그림 91〉의 ⑷의 파형이라면 ⑷는 전계 ⑴의 시간에 대해 변화한 몫이 되는 것을 알게 된다.

대류전류는 ⑵의 파형으로 흐르고 변위전류는 ⑷의 파형으로 흐르기 때문에 서로 반대 방향이다. 즉 전자기파가 전리층 속으로 들어가면 대류전류가 변위전류를 지워버리듯이 흐르는 것이다. 앙페르의 법칙에 따르면 전류에 의해 자계가 형성되는데 대류전류가 커지면 변위전류와 상쇄되어 전체 전류는 제로가 되기 때문에 자계도 제로가 된다.

도체판의 표면에서 전계가 제로가 되는 성질로부터 도체판에서 평면파가 반사된다는 것은 4장에서 설명했다(그림 71). 전계와 자계가 대등한 것이 전자기파이므로 전리층과 같이 자계를 제로로 만드는 성질을 가진 것도 전자기파를 반사하는 것이다.

대류전류의 크기는 전자의 속도에 비례하는데 주파수가 낮은 쪽이 전자를 가속시키는 시간이 길기 때문에 속도가 커진다. 반대로 주파수가 높으면 전자가 충분히 가속되기 전에 반대 방향의 전계가 되어 버리기 때문에 전자의 속도가 작아진다. 또 대류전류의 크기가 전자의 밀도에 비례한다는 것은 전자의 수가 불어나면 전하량이 많아지기 때문에 당연한 일이다.

전리층은 태양의 자외선 따위로 생기기 때문에 낮과 밤에 있어서 그 상태가 다르다(그림 92). 전리된 전자가 가장 많은 곳은 지상 300㎞의 상공인데 낮에는 태양 빛이 강하기 때문에 100㎞ 상공까지도 전리층이 형성된다.

300㎞ 상공에서 반사되는 전자기파는 30메가헤르츠 이하의 주파수이지만 100㎞ 상공에서는 300킬로헤르츠 이하의 주파수가 된다. 따라서 중파인 라디오 방송의 전파는 그 밑의 전리층을 통과할 수가 있는 것이다.

그런데 지상 100㎞에서는 공기가 짙고, 밀도는 300㎞ 상공의 약 1만 배가 된다. 전파가 입사하면 전리된 전자는 전계로부터 힘을 받아 운동을 하는데, 질소나 산소 분자와 충돌해서 에너지가 상실돼 전파가 흡수되어 버리는 것이다. 단파는 주파수가 충분히 높기 때문에 100㎞ 높이의 전리층을 통과할 수가 있다.

밤이 되면 태양 빛이 없어지기 때문에 위쪽 전리층의 전자밀도가 낮보다 약간 감소하지만 밑에 있는 전리층이 소멸되어 중파인 전파도 300㎞ 상공까지 도달할 수가 있다. 여기서는 공기가 희박한 데다 전자의 밀도도 크기 때문에 중파의 전파는 반사된다. 밤이 되면 태양 빛이 없어지기 때문에 전리층의 전자

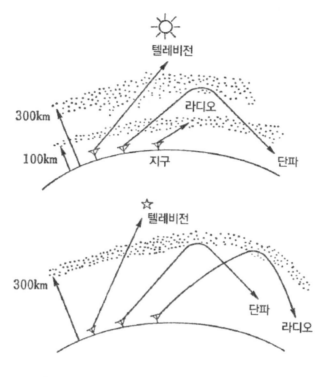

〈그림 92〉 전리층에 의한 반사, 낮과 밤의 차이

밀도가 작아지는데도 불구하고 먼 곳의 라디오 방송이 들려오
는 것은 이와 같은 이유 때문이다.

　이상의 결과로부터 높은 주파수의 파장이 짧은 전자기파는
전리층을 통과할 수 있고, 낮은 주파수의 파장이 긴 전자기파
는 반사된다는 것을 알았을 것이다. 또 전자밀도가 커지면 전
리층에서 반사되는 전자기파의 주파수가 높아진다는 것도 이해
될 것이다.

　전리층은 태양의 자외선이나 X선에 의해 형성되는데 태양

활동이 활발해지면 전자밀도가 증가하고 보다 높은 주파수로도 해외 통신이 가능해진다. 이따금 아주 멀리 떨어진 방송국의 텔레비전을 수신했다는 것이 뉴스거리가 되는데 이것은 전리층의 전자밀도가 커지면 주파수 100~200메가헤르츠의 전자기파도 반사한다는 것을 가리키고 있다.

고온의 물질에서는 전자가 원자에서 떨어져 나가 자유로이 움직일 수 있기 때문에 전리층의 다른 비근한 예로 불길을 들 수 있다. 화재가 났을 때 소방사와의 통신에서는 불길의 전자밀도가 크기 때문에 마이크로파와 같이 주파수가 높은 전파도 불길(전리층)에 반사되어 통신이 안 될 때가 있다. 실제로 화재를 일으켜 실험한 결과에서 주파수가 40기가헤르츠(㎓: 1,000㎒) 이상인 밀리미터파(Millimeter Wave, 보통 밀리파라 한다)는 불길을 통과할 수 있다는 것을 알고 현재 밀리파에 의한 방재통신(防災通信)이 검토되고 있다.

유선이냐, 무선이냐?

제2차 대전 전에는 물론이거니와 전후에 있어서도 올림픽의 중계방송 등 해외로부터의 무선통신은 아주 듣기 곤란한 것이었다. 잡음이 많은 데다 페이딩(Fading)이라 불리는 현상 때문에 아나운서의 목소리가 커졌다 작아졌다 했다.

전자기파는 전리층에서 몇 번이나 반사해서 전파하는데, 반사하는 횟수가 다른 두 종류 이상의 경로가 있어 각각의 경로를 통과해온 전자기파가 서로 간섭(干涉)하기 때문이다.

전리층을 이용한 통신에서는 해외로부터의 텔레비전 중계 등이 불가능하다. 텔레비전에서는 주파수의 폭이 4메가헤르츠가 필요한데 전리층에서 반사되는 30메가헤르츠 이하의 주파수는 선박과의 통신 등에 널리 사용되고 4메가헤르츠의 주파수 폭을 취하는 통신 따위를 생각할 수가 없기 때문이다. 그러나 현재는 해외 중계가 국내에서와 같을 정도로 안정되어 있고 또 텔레비전에 자주 중계되고 있는 것도 잘 아는 사실이다. 이것은 전적으로 위성통신의 혜택이다. 위성(衛星)은 해외 통신 이외에도 기상 관측, 자원탐사, 위성에 의한 직접방송 등에 이용되어 현대사회에서는 없어서는 안 될 존재가 되었다.

인공위성은 1957년에 소련의 스푸트니크(Sputnik) 1호를 시작으로 수많이 발사되었다. 이 위성을 이용해서 1962년에는 대서양 횡단, 1963년에는 태평양 횡단의 텔레비전 중계에 성공했다. 특히 태평양 횡단 중계에서는 그 최초로 방영된 화면에서 미국 케네디(Kennedy) 대통령의 암살을 알리는 뉴스가 전달되어 온 세상을 깜짝 놀라게 했다.

위성은 지구로부터의 거리가 멀수록 지구를 1주 하는 시간이 길어지고, 지구 중심에서의 거리가 약 42,000㎞가 되면 1주에 소요되는 시간이 꼭 24시간이 걸린다. 인공위성을 적도 상공의 이 거리에 쏘아 올려 지구의 자전 방향으로 돌아가게 하면 위성은 지상에서 볼 때 정지한 것 같이 보인다(그림 93). 이것을 정지위성(靜止衛星)이라고 하는데 그림에서는 지구의 크기와 정지위성의 거리가 같은 비율로 되어 있다. 현재의 위성통신에서는 대개가 정지위성을 이용하고 있다.

전리층은 지상으로부터 100~400㎞의 거리에 있는데 정지위성은 지상에서부터 약 36,000㎞가 되어 훨씬 더 먼 위치에 있다. 따라서 전자기파에 의한 위성통신에서 '빛의 창문'은 비가

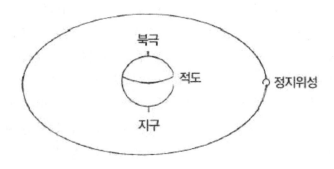

〈그림 93〉 정지위성

오거나 흐린 날에는 이용할 수 없기 때문에 '전파의 창문'을 이용해야 한다. 태양 활동이 활발해지면 전리층의 전자밀도가 증가해서 주파수 200메가헤르츠의 전자기파를 반사하는 일이 있기 때문에 전파의 창문을 사용할 때의 주파수는 대체로 300메가헤르츠에서 10기가헤르츠(1만 메가헤르츠)라고 한다.

'전파의 창문'의 높은 쪽 주파수는 수증기나 산소 이외에 비 등의 흡수에 의해서 결정되는데 위성통신이 활발해지자 주파수가 부족하게 되어 30기가헤르츠의 전파도 이용되고 있다. 1984년 1월에 발사된 정지위성으로부터 지구에 직접 방송되는 위성방송에서는, 위성으로부터 지상으로는 12기가헤르츠, 지상에서 위성으로는 14기가헤르츠의 전파가 사용되고 있다.

위성통신은 여러 가지 특징을 가졌으며 전파를 이용하는 무선통신의 궁극적인 모습이라고 여겨지고 있다. 이것에 대해 최근에 화젯거리가 되고 있는 광섬유(光纖維)를 이용하는 광통신(光通信)은 전송선로를 이용하는 유선통신의 궁극적인 모습이라고 일컬어지고 있다.

　광섬유는 규소(Si)를 주성분으로 하는 유리로 만드는데 여기서도 선로 속을 어느 범위의 주파수의 전자기파만이 통과할 수 있는 '창문'을 이용하고 있다. 이 창문에 대해서는 다음의 6장에서 설명하기로 한다.

　행정관청 중에서 체신부와 교통부는 비슷한 점이 많다고 한다. 한쪽은 무선국이나 무선종사자의 면허를 내어주고 한쪽에서는 차량검사증이나 운전면허증을 교부한다. 이것은 공업이나 농업 진흥을 주된 역할로 하는 상공부나 농수산부와는 다르다. 사람이나 물건을 나르는 교통과 정보를 나르는 통신이라는 점에서도 흡사하다. 최근에 개발된 능률적인 교통기관으로는 이른바 탄환열차(彈丸列車)로 불리는 초특급열차 신칸센(新幹線)과 점보제트기(Jumbo Jet 機)일 것이다. 이것에 대응하는 것이 광통신과 위성통신이다. 선이 있는 선로를 이용하는 '유선'에서는 신칸센과 광통신이 대응되고 점(点)인 공항과 안테나를 사용하는 '무선'에서는 제트기와 위성통신이 대응된다.

　신칸센과 제트기의 특징은 그대로 광통신과 위성통신의 특징이기도 하다. 제트기와 위성통신이 미국의 주도 아래 개발된데 대해 신칸센과 광통신에서는 일본이 세계를 리드하고 있는 점에서도 흡사하다. 이 양자의 특징을 들어보면

거리: 가까우면 유선, 멀면 무선이 유리하다. 국토가 좁은 나라에서는 유선 이용이 유리한 경우가 많으나 어느 편이 유리한지에 대한 분기점은 약 1,000㎞라고 한다. 1,000㎞ 이하라면 신칸센(광통신)이, 1,000㎞를 넘으면 비행기(위성통신)가 유리하여 우리의 실제적 감각과 일치한다. 그러나 장래의 분기

점이 될 거리가 1,000㎞보다 멀어질지 가까워질지는 중요하고도 어려운 문제이다.

전송용량: 특히 유선이 유리하다. 그러나 점보기와 위성통신의 용량도 상당히 크다. 최근의 위성통신은 용량이 크다고 말하는 광섬유의 약 20배의 능력을 가지고 있다.

보수: 점(点)만을 유지하면 되기 때문에 무선이 유리하다. 신칸센 같은 선로를 점검한다는 것은 굉장히 큰일이다.

신뢰성과 안전성: 찬반의 논의가 갈라진다. 통신에서 가장 신뢰성이 요구되는 것은 군사상이나 천재지변 등 국가 안보에 관한 통신인데, 이를테면 본토와 떨어져 있는 섬 따위에 정보를 보낼 때는 해저케이블보다는 무선을 사용한다. 케이블은 어선 등에 의해 절단되는 수가 있기 때문이다.

이런 특징 이외에도 위성에서는 지구 위의 약 3분의 1의 지역을 내다볼 수가 있고 선박이나 항공기 등의 이동체(移動体)와의 통신, 방송 등이 가능하다. 이것은 매우 중요한 특징이다. 다만 전파는 목적으로 하는 것 이외의 방향으로도 확산되기 때문에 다른 통신에 방해를 주게 되고 또 비밀을 유지하기 힘들거나 방해를 받게 된다. 주파수는 인류에게 주어진 「귀중한 자원」이다. 그러므로 효율적으로 사용해야 한다. 또 전파가 지구와 정지위성 사이를 왕복하는 데는 0.2초 이상의 시간이 필요하고 위성중계전화에서는 마음이 쓰이는 수가 있다.

　이것에 대해 광섬유에 의한 통신에서는 섬유(Fiber)를 일단 부설해 놓기만 하면 다른 것에 방해를 끼치지 않고 다른 것으로부터도 방해를 받지 않는다는 특징이 있다. 또 전자기파의 전파(傳播)에 소요되는 시간은 문제가 되지 않는다. 다만 재해 때의 혼란 방지 등에는 통신이 수행하는 역할이 크기 때문에 두 계통 이상의 통신로를 준비해야 하므로 위성 및 광섬유 통신은 모두 중요한 통신수단이다.

6장
전자기파와 주파수

X선

빛

전파

장파에서 감마선까지

「전자기파」라는 정식 호칭은 전계와 자계의 파동 또는 전기력선과 자기력선의 파동이라는 것을 정확하게 표현하는 학문상의 호칭이다. 그러나 파장이 다르면 파동으로서의 성질이 매우 변화하기 때문에 전자기파라는 호칭은 역사상의 사정도 있고 하여 변화가 많다. 파장이 짧은 쪽에서부터 차례로 열거해 보면 이른바 방사선(放射線)에서부터 가시광선, 전파까지, 또 그 전파는 더욱 세분되어 있는 데다 주된 용도도 여러 가지이다 (그림 94).

전자기파를 무선통신에 이용할 때는 유선통신과는 달리 목적하는 이외의 장소에도 전자기파가 전파돼 통신을 방해하기 때문에 전자기파의 이용을 규제할 필요가 있다. 그래서 「전파관리법(電波管理法)」이라는 법률이 제정되었고 이 전파관리법 제2조에는 "전파란 3,000기가헤르츠(300만 메가헤르츠) 이하인 주파수의 전자기파를 말한다"라고 정의되어 있다. 즉 파장이 100마이크로미터(0.1㎜)보다 긴 전자기파가 전파이다.

마르코니가 대서양 횡단 무선통신에 성공한 것이 1901년인데 1903년에는 벌써 전파의 이용을 규제하는 국제회의가 열렸으며 1912년에는 세계 주요국들 사이에 해상무선전신규칙이 비준되었다.

역사적으로 볼 때 눈에 보이는 가시광선을 따로 한다면 전자기파는 주파수가 낮은 쪽에서부터 이용되어 왔다. 앞에서도 말했듯이 지구는 둥글기 때문에 원거리 통신에서는 낮은 주파수(긴 파장)가 유리하기 때문이다. 그러나 번개에 의해 생기는 잡음은 낮은 주파수일수록 크기 때문에 보다 높은 주파수의 전파

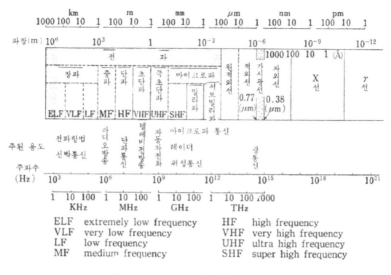

〈그림 94〉 전자기파의 호칭과 주된 용도

ELF	extremely low frequency
VLF	very low frequency
LF	low frequency
MF	medium frequency

HF	high frequency
VHF	very high frequency
UHF	ultra high frequency
SHF	super high frequency

가 차츰 주목을 끌게 되었다. 그러나 해상무선전신규칙이 제정되었던 당시에는 파장이 200미터 이하인(주파수 1.5메가헤르츠 이상의) 전파는 이용 가치가 없다고 해서 규제 대상이 되지 않았다. 파장 10미터 이하인 텔레비전 방송, 마이크로파 통신이 스타 격이 된 지금에서 본다면 정말로 꿈만 같은 이야기다.

　그 당시 무선통신을 취미로 삼는 아마추어 무선이 활발해지자 1914년에는 미국 아마추어 무선연맹이 설립되었다. 무선통신은 뉴스 등 사회생활에서 필요할 뿐만 아니라 군사적으로도 중요한 의미를 지니고 있기 때문에 미국 이외의 정부에서는 엄중하게 단속을 하고 있었으나 유독 미국 정부는 아마추어 무선에 대해 무척 호의적이었다.

　아마추어 무선은 최신의 과학적 성과를 이용해서 과학의 발전에 공헌하는 것을 목적으로 하는 취미이기 때문에 'King of Hobby'라 불리고 있었다. 실제로 아마추어 무선에서는 파장 200m 이하의 전파를 자유로이 사용할 수 있기 때문에 단파로 서 대서양 횡단의 안정된 통신이 가능하다는 것을 처음으로 실 증했다. 즉 보다 높은 주파수의 이용은 바로 이 아마추어 무선 에서 시작되었다고 말할 수 있다.

1907년에는 진공관이 발명되어 무선통신에 혁명을 가져오게 되는데, 새로운 것은 먼저 햄(Ham, 아마추어 무선가)이 사용하 고, 10년 후에 군이 사용하게 되고 또 10년 후에 가서야 상용 (商用)화한다고 말했다. '진보적일 것', 이것은 아마추어가 표방 하는 다섯 가지 규약 중 하나다.

미국 정부가 아마추어 무선에 호의적이었기 때문에 수많은 햄과 더불어 무선기기 산업이 육성되었다. 이들 메이커의 덕택 으로 제2차 대전에서 그들은 일본의 제품 따위와는 비교도 안 될 만큼 우수한 송신기와 수신기를 사용했다. 아마추어 무선은 과학에서뿐만 아니라 국가에도 크게 공헌한 것이다.

오래전의 일인데 전기 계통 학회에서는 세계에서 가장 권위 있는 미국 전기전자학회(IEEE)의 회장을 소개하는 기사에서 "He is Now an Active Ham"이라는 자랑스러워하는 글을 실 었다. 일본의 학회에서는 아마추어에게 경의를 표하는 습관이 없는 듯한데 기술을 개척한 나라는 과연 다르구나 하고 깊은 감명을 받은 적이 있다.

아마추어 무선이 법률에 의한 엄격한 규제를 받지 않는다는 점과 함께 경제적으로도 여유 있는 사람들이 많다는 것이 무선 기기 산업을 육성시킨 이유의 하나일 것이라고 생각한다. 어쩌면 오히려 후자가 더 중요할지도 모른다. 나는 동남아시아의 어느 대학에서 강의를 하다가 휴식시간에 다음과 같은 이야기를 한 적이 있다.

기술의 진보에는 빈부(貧富)의 격차가 적어야 한다는 것이 가장 중요하다. 10억 원을 1,000사람이 나누어 가지면 한 사람당 100만 원이 된다. 이것을 1년 동안 쓴다고 하면 1,000사람이 1,000대의 자동차나 텔레비전을 살 수가 있고, 해마다 100만 원쯤은 쓸 수가 있다. 그러나 이것을 독차지했을 때, 1년에 10억 원을 쓴다는 것은 불가능한 일이며 기껏해야 자동차를 두, 세 대쯤 사는 정도일 것이므로 산업이 육성되지 못할 뿐만 아니라 어쩌면 제군들의 취직 기회도 줄어들게 될 것이라는 취지의 말을 했다.

그런데 전파의 이용은 장파에서 중파, 단파로 진행해 왔고 텔레비전 방송은 VHF를 이용할 수 있게 됨으로써 비로소 가능하게 되었다. 그다음이 UHF인데 현재 일부 텔레비전 방송에서는 이것을 사용하고 있으나 통신이라는 관점에서는 이 UHF를 건너뛰어 마이크로파의 이용이 눈부시다. 마이크로란 작다는 뜻으로서 VHF 등과 비교하면 파장이 매우 짧기 때문에 이런 이름이 붙었다.

단파나 초단파에서 활약했던 진공관도 UHF가 될 것 같으면 크게 능률이 떨어진다. 또 마이크로파에 이르러서는 파장이 10㎝ 이하로 손가락 정도의 크기가 되어 종래와는 다른 원리의 진공관이나 전송선로(導波管이라고 한다)가 고안되었다. 마이크로파는 2차 세계대전 중에 레이더(Rradar)에 사용되었고 전후에는 전화와 텔레비전의 중계, 나아가서는 위성통신에서 화려하게 활약하고 있다.

마이크로파 다음으로는 서브밀리미터파(Submillimeter Wave)와 원적외선(遠赤外線)을 건너뛰어 가시광선이 광통신에 이용되고 있다. 광통신에서 마이크로파와는 다른 원리의 발진기(Raser)와 전송선로(광섬유)가 고안되었기 때문이다. 가시광선은 전자기파의 검출이 육안으로 가능하다는 점에서 연구의 발전에 공헌한 것이라고 생각한다. 아주 약한 빛을 검출할 수 있는 눈을 사용할 수 있다는 것은 실험에서 매우 편리한 일이다.

자연잡음과 인공잡음

번개가 치면 텔레비전에 잡음이 들어와 화면이 교란된다. 밤에 단파로 외국 방송을 듣고 있노라면 흔히 잡음이 들어온다. 이 잡음은 악마의 첩자라고도 일컬어지듯이 통신이나 측정 등 목적하는 신호에 어김없이 끼어들어 신호가 갖는 정보량을 감소시키고 있으므로 잡음의 크기는 통신 등의 질을 좌우하게 된다.

이를테면 수신점에서 신호를 받을 적에 신호의 크기가 0볼트에서 100볼트의 전압 사이에 있다고 하자. 모스부호는 가장 간단한 신호인데 신호의 크기는 신호가 있느냐 없느냐, 0볼트 또는 100볼트 중 어느 한 가지 종류이기 때문에 잡음이 100볼트보다 작으면 원리적으로는 통신이 가능하다.

그런데 이보다 더 복잡한 신호는 신호의 '단위(전압의 차)'를 2볼트 또는 20볼트 등으로 0볼트와 100볼트의 전압 사이를 잘게 쪼개어 신호를 전달하고 있다. 만약에 잡음이 20볼트의 전압이었다고 한다면 전압의 차가 20볼트 이하인 신호는 잡음과 구별을 못하게 되어 버린다. 즉 적어도 다섯 종류 이상의 신호는 보낼 수가 없다.

잡음의 크기가 2볼트인 때는 100볼트의 전압으로 50종류의 신호를 보낼 수 있으므로 신호의 최대 크기 100볼트(S라 한다)와 잡음의 크기 2볼트(N이라 한다)의 비가 의미를 갖는다. 그 때문에 SN비(比)라는 말이 쓰이고 있다. 신호(S)나 잡음(N)은 전력을 나타내므로 전압의 제곱에 비례한다. 먼저의 예와 같이 신호의 최댓값 100볼트, 잡음이 20볼트인 때의 SN비는 5의 제곱으로 25가 된다.

잡음은 도선 속에도 있지만 전파로서 공간을 전파해 안테나로부터 들어오는 것은 전파잡음(電波雜音)이다. 헤르츠가 전자기파의 발생에 불꽃방전을 사용한 것처럼 불꽃은 전파의 발생원이다. 대표적인 것으로 자연계에 있는 것이 번개이고 인공적인 것에는 자동차의 플러그(Plug)와 전차의 집전기(集電器, Pantagraph)에서 나오는 방전이다.

불꽃방전의 파동은 각 주파수의 합

보통의 방전과 불꽃방전에서 발생하는 전파는 어떤 관계가 있을까?

번개는 송전선 등에 떨어졌을 때 교류와 달라서 어느 시간만큼 존재하는 파동—펄스파가 흐른다(그림 95).

펄스(Pulse)란 맥박을 말한다. 번개에서 펄스전류가 흐르는 시간(τ)은 경우에 따라 다르지만 대체로 10마이크로초(10만분의 1초) 정도로 짧다. 이 펄스가 어떤 주파수의 파동인지를 생각해 보기로 하자.

〈그림 96〉의 실선에 보였듯이 네 종류의 교류전류의 파동을

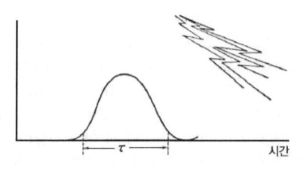

〈그림 95〉 번개에 의한 전류

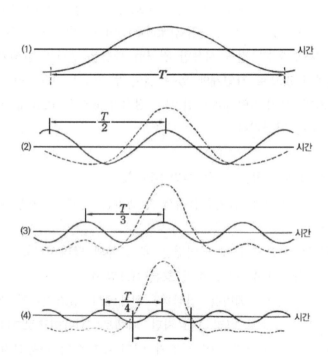

〈그림 96〉 교류(실선)와 번개의 펄스(점선)

생각해 보자. 이것들은 위로부터 차례로 주기가 짧아지며 맨 위에 보인 (1)의 주기를 T라 하면 (2)의 주기는 T/2, (3)의 주기는 T/3, (4)의 주기는 T/4이다.

2단 째에 보인 (2)의 점선은 (1)과 (2)의 실선의 합으로 중심만 크게 되어 있다. (3)의 점선은 (2)의 점선과 (3)의 실선의 합, 즉 (1), (2), (3)의 실선의 합이다. (4)의 점선은 (1), (2), (3), (4)의 합인데 중앙 부분만 크게 되고 그 밖에서는 균일하게 되어 〈그림 95〉의 파형에 접근하는 것을 알 수 있을 것이다.

〈그림 96〉의 (4)의 점선으로 보인 펄스의 폭(τ)은 (4)의 실선의 교류주기 T/4와 거의 같다. 이를테면 τ가 10마이크로초인 때는 (4)의 실선으로 가리키는 교류의 주파수는 100킬로헤르츠가 된다. 따라서 (3)은 75킬로헤르츠, (2)는 50킬로헤르츠, (1)은 25킬로헤르츠가 된다.

이상으로부터 번개의 파형은 여러 가지 주파수 교류의 합으로 나타낼 수 있고, 주파수가 낮은 교류일수록 큰 진폭(振幅)이 된다는 것을 알 수 있다.

우리나라는 여름철에 번개가 많은데 지구 위 어딘가에는 우리와 같은 여름이어서 늘 번개가 발생하고 있다. 이 번개에 의한 전파는 전리층에서 반사해서 사방으로 전파하기 때문에 언제라도 잡음이 있기 마련이고 라디오를 들으면 '찍찍' 하는 소리가 들린다.

번개에 의한 펄스전류의 폭이 10마이크로초인 때는 잡음의 주파수가 100킬로헤르츠였는데 일반적으로 1메가헤르츠 이하의 잡음도 번개에 의한 것이 많다. 10메가헤르츠를 넘는 높은 주파수가 되면 자동차나 전동차의 집전기 등에서 나오는 인공

잡음(人工雜音)이 우세해진다.

불꽃방전 가운데서도 가장 큰 것이 핵폭발(核爆發)이다. 전리층은 공기 속의 산소 등이 태양의 자외선이나 X선에 의해 전리(電離)되고 있는데 핵폭발에서는 X선이나 γ선이 발생하고 이것들에 의해 전리된 전자가 튀어나가서 강력한 펄스 모양의 전자기파가 복사된다. 이것을 전자펄스라 부르는데 전자기기 등을 파괴하고 통신이나 기기의 제어(制御)를 불가능하게 만든다.

자연잡음이나 인공잡음은 모두 주파수가 높아지면 잡음의 크기(진폭)가 작아진다. 그러나 위성통신에서와 같이 36,000㎞나 떨어져 있는 위성으로부터의 전파는 매우 약해지기 때문에 작은 잡음이라도 문제가 된다. SN비가 중요하기 때문이다.

인공잡음은 도시 지역이 강하기 때문에 위성통신의 수신소는 조용한 곳에 설치함으로써 이것을 피할 수가 있으며 실제로 한국에서는 금산(錦山)과 같이 조용한 곳에 설치하고 있다. 번개 이외의 자연잡음으로는 태양에서 오는 태양잡음(太陽雜音)과 은하계 등에서 오는 우주잡음(宇宙雜音) 등이 있다.

전자기파는 흡수된다

비가 온 뒤의 맑게 갠 날 밤의 도시에서는 불빛 때문에 보기 어려우나 교외에서는 그래도 비교적 깨끗한 밤하늘을 볼 수가 있다. 지구는 대기의 층에 둘러싸여 있고 지상으로부터의 미세한 물질이 대기 속을 떠돌아다니고 있다. 우리는 이들 물질을 통해서 별의 위치, 밝기, 색깔 등을 관찰하고 있는 것이다.

이것을 다른 말로 바꾸면 다음과 같이 표현할 수 있다. 지구를 둘러싸고 있는 물질을 투과(透過)해서 우주에서 오는 전자기파의 도래 방향, 세기, 주파수 등을 관측하고 있는 것이라고-.

별이 보이는 것은 가시광선을 통과시키는 「빛의 창문」이 있기 때문이며, 비가 오거나 흐린 날에는 물론 볼 수가 없다. 그러나 「전파의 창문」은 언제든지 트여 있으므로 눈에는 보이지 않아도 큰비가 오거나 태풍이 부는 날에도 위성통신은 가능하다.

「전파의 창문」이 낮은 쪽 주파수는 30메가헤르츠에서 300메가헤르츠이고 이것은 전리층의 반사에 의해 결정된다(〈그림 92〉 참조). 한편 「전파의 창문」이 높은 주파수인 10기가헤르츠에서 30기가헤르츠는 수증기의 흡수에 의해 결정된다.

지구를 가리켜 「물의 행성」이라고 말하듯이 물이 많은 점에서 지구는 다른 행성과 두드러지게 다르다. 전기적으로 본다면 물은 역시 특별한 물질이며 유전율이 매우 크다. 진공 속의 유전율에 대한 비율을 비유전율(比誘電率)이라고 하는데 물의 비유전율은 약 81이다.

비유전율이 큰 다른 물질로는 자기(磁器)가 5~6이고, 유리가 2~5이므로 물이 특히 크다는 것을 알 수 있다. 극히 개략적으로 말한다면 비유전율이 큰 것일수록 전파를 흡수하기가 쉽다.

그런데 물의 유전율이 큰 것은 주파수가 수 기가헤르츠보다 낮을 때이며 빛의 주파수에서는 비유전율이 약 2까지로 감소한다. 유전율이 감소하는 주파수가 전파의 창문 위쪽 주파수를 결정하는 10에서 30기가헤르츠인 것이다.

그렇다면 전자기파가 흡수된다는 것은 어떤 일일까? 그 첫째는 전자기파에 의해 어떤 물질이 진동하고 그때의 마찰로 전자기파의 에너지가 열이 되어 상실되기 때문이다. 그리고 둘째는 전자기파가 산란(散亂)에 의해 에너지를 상실하는 경우다.

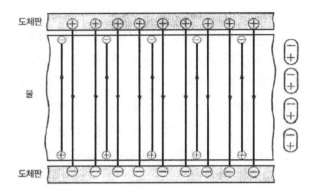

〈그림 97〉 도체판 사이에 물이 들어갔을 때의 전계

여기서 다시 도체판 그림을 인용하기로 하자. 도체판 사이에 물을 넣으면(전자기파가 물에 들어간 것이 된다) 도체판 사이의 전계가 작아진다. 물 표면에 도체판 위의 전하와는 반대 부호의 전하가 유도되어 반대 방향의 전계를 만들기 때문이다(그림 97).

물 표면에 전하가 유도되는 것은 〈그림 97〉의 오른쪽 옆에 보인 것처럼 물속에는 양과 음의 전하가 세트로 된 '다이폴(Dipole)'이 있고 그것이 전계 방향으로 배열하기 때문이다. 다이폴은 두 개(Di-)의 극(Pole)이라는 뜻이며 자석처럼 음극, 양극(자석에서는 N극과 S극)이 배열되어 있는 것이다.

물은 전하가 큰 다이폴을 가지고 있다. 물 분자는 한 개의 산소 원자에 두 개의 수소 원자가 결합해 있다. 산소 원자의 좌우 양쪽에 수소 원자가 있으면 다이폴이 형성되지 않지만, 수소 원자는 아래쪽으로 치우쳐 있고 또한 양전하를 가졌기 때문에 다이폴이 형성된다(그림 98).

그러면 〈그림 97〉의 상하 도체판에 교류전압을 걸어준다.

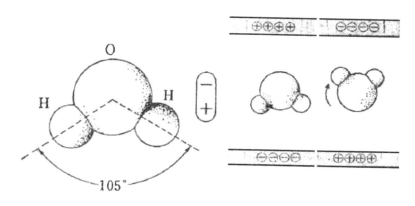

〈그림 98〉 물 분자의 다이폴과 교류에 의한 그 진동

〈그림 98〉 왼쪽에 보인 물 분자를 하향이라 하면, 위 도체판이 양전하일 때는 물 분자가 하향이 되고, 위 도체판에 음전하가 오면 물 분자가 상향이 된다. 즉 교류전압의 변화에 의해 물 분자가 진동하게 되는 것이다.

물 분자는 자신의 무게 때문에 회전하지 않으려는 관성(慣性)이 있다. 교류의 주파수가 낮을 때는 전압의 변화가 느려서 분자가 천천히 움직이면 되기 때문에 상향으로도, 하향으로도 될 수 있다. 그러나 주파수가 아주 높아지면 분자는 관성 때문에 전압의 변화를 따라가지 못하게 된다.

무거운 것을 빠른 속도로 진동시키려 해도 좀처럼 되지 않는 것과 같다. 즉 물 분자는 움직일 수가 없게 되고 따라서 흡수도 없어진다.

물 유전율은 낮은 주파수에서부터 수 기가헤르츠까지는 그다지 변화하지 않지만 10기가헤르츠에서 30기가헤르츠에 걸쳐서는 급격히 작아진다. 이와 같이 유전율의 값이 주파수에 대해 급격히 변화할 때는 반드시 전자기파의 흡수가 일어난다. 이 이유는 다음과 같이 생각할 수 있다.

어느 정도 매끈한 받침대 위에 있는 물체를 좌우로 진동시킬 경우, 천천히 진동시킬 때는 물체를 가속할 때 주는 에너지와 감속할 때에 얻는 에너지의 차가 작다. 그런데 이것을 빠르게 진동시키려고 하면 억지로 움직이게 하는 것이 되므로 늘 물체에 힘을 가하게 되고 마찰열이 되어 에너지가 흡수되고 만다. 더 빠르게 진동시키려 하면 물체는 움직일 수가 없기 때문에 마찰도 없고 에너지도 흡수되지 않는 것이다.

「전파의 창문」보다 높은 주파수 쪽에서도 전자기파의 흡수가 일어난다. 물 분자의 큰 다이폴은 산소 원자와 수소 원자로 이루어져 있는데 그 밖에도 전자 등에 의한 별개의 작은 다이폴이 있다. 주파수가 더욱 높아져서 빛의 영역이 되더라도 가벼운 다이폴은 그대로 움직일 수가 있어 흡수가 일어난다.

이와 같이 파장이 10㎜보다 짧은(주파수가 30기가헤르츠보다 높은) 전자기파의 흡수는 물 분자의 다이폴 진동 이외에도 여러 가지 메커니즘에 의해서 일어난다. 즉, 물 분자에서 산소 원자 주위의 수소 원자 회전이라든가 산소 원자와 수소 원자의 거리가 변화하는 진동 등이 그것이다. 원자는 전하를 가지고 있기 때문에 전자에 의해 힘을 받아 진동하고 마찰 등에 의해서 에너지가 상실되어 열이 되기 때문이다.

산란에 의한 흡수

현재, 새로운 통신수단으로서 광통신이 각광을 받고 있다. 이 광통신에 사용하는 광섬유(Optical Fiber)는 전자기파의 흡수가

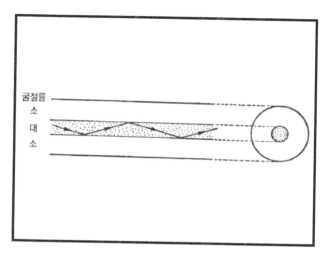

〈그림 99〉 광섬유

지극히 적은 특성을 지니고 있다. 다만, 적다고는 하지만 흡수가 제로인 것은 아니다. 여기서의 흡수에는 수증기의 흡수와는 또 다른 '산란'에 의한 흡수도 있다. 광섬유는 유전율이 큰 물질과 작은 물질 사이에서 일어나는 전반사(全反射)라고 불리는 현상을 이용한 전송선로이다(그림 99). 수영을 할 때 물속에서 비스듬히 위를 쳐다보면 물 위는 보이지 않고 물의 표면이 거울처럼 하얗게 보이는 것은 이 전반사 때문이다.

파장에 대한 광섬유의 흡수 특성을 보인 〈그림 100〉은 유명한 그래프이다. 세로축은 1㎞당 상실되는 전력이다. 파장 1.5 미크론(Micron, μ: 1μ은 1,000분의 1㎜)의 빛에서는 불과 4.5%가 흡수될 뿐이다. 보통의 유리에서는 5㎜의 두께에서 이 정도가 흡수되어 버린다. 광섬유의 흡수 특성은 불순물을 제거하는 등의 연구를 거쳐 극히 높은 투명도를 가졌기 때문이다.

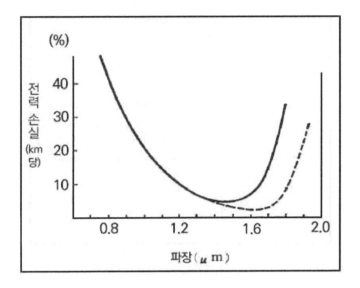

<그림 100> 광섬유의 전력 손실

　광섬유는 규소(Si)를 주성분으로 하는 유리인데 <그림 100>에서 파장이 긴 쪽의 흡수는 규소 원자의 진동에 의한 것으로 앞에서 말한 물의 경우와 비슷한 흡수다. 파장이 짧은 쪽은 유리의 굴절률이 균일하지 않기 때문에 빛이 산란되어 흡수된 것이다.

　광섬유는 녹인 유리를 특정 굵기로 굳혀서 만드는데 굳어지는 방법에서 차이가 생기기 때문에 굴절률이 미세한 불균일성(不均一性)을 갖게 된다. 이 굴절률의 차이는 파장이 짧을수록 영향을 받는다. 극단적인 경우이기는 하나 층의 차이가 있는 도체 표면으로부터 파장이 다른 전자기파가 반사되었다고 하자.

　<그림 101>의 (a)는 층의 차이와 비교해서 파장이 길 때이고,

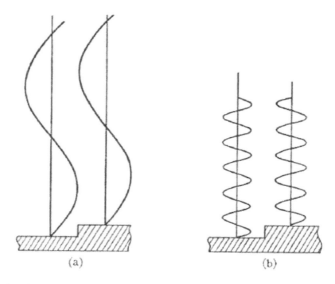

〈그림 101〉 들쭉날쭉에 의한 반사는 파장이 짧을수록 영향이 크다

반사파는 층의 차이가 없을 때와 그리 변화가 없다.

(b)는 층의 차이가 반파장일 때로 반사파는 서로 상쇄되고 만다. 이와 같이 들쭉날쭉에 의한 반사는 파장이 짧은 파동일수록 영향이 크다.

파장이 긴 쪽의 흡수는 원자의 진동으로 일어나기 때문에 원자가 무거울수록 진동수가 작아지고 흡수가 일어나는 전자기파의 파장은 길어질 것이다. 이를테면 규소보다 무거운 게르마늄(Ge) 유리를 만들어 〈그림 100〉의 점선으로 가리키듯이 보다 흡수가 적은 광섬유를 찾아 연구가 진행되고 있다.

위성통신은 「전파의 창문」을 이용하지만 광통신도 귀중한 「빛의 창문」을 이용하고 있다. 지구에서 우주를 관찰하는 「빛의 창문」도, 광통신에서 사용하는 유리 속의 「빛의 창문」과 더불어 파장이 1미크론 근처에 트여 있는 창문이다. 공기와 유리라는 차이가 있는데도 두 「창문」이 일치한다는 것은 이상하게 보이겠지만 태양 빛을 통과시키기 위한 유리 제조가 예로부터 산업으로서 활발했던 것이 광섬유의 실현에 크게 공헌한 것으로 생각된다.

온도가 있는 곳에 전자기파가 있다

도시에서 생활하면 밤이 어둡다는 사실을 잊어버리기 쉽다. 우리나라에서는 웬만한 시골에서도 밤에는 어디선가 불빛을 볼 수 있다. 그러나 동남아시아 등 개발도상국의 교외에서는 「한 치 앞도 볼 수 없다」는 말이 실감 나는 암흑세계가 있다.

생각해 보면 밤이 밝다는 것은 우리가 만들어낸 것이며, 말하자면 가시광선 주파수의 인공잡음인 것이다. 개발도상국의 밤이 어둡다는 것은 태양 빛을 제외하면 가시광선 주파수로서의 인공잡음이 적다는 것을 뜻하고 있다.

「어떤 주파수의 전자기파를 잘 흡수하는 물질은 또 그것을 잘 복사한다」고 하는 물리학의 법칙이 있다. 안테나도 같은 성질을 가졌으며 송신 안테나로서 사용할 때와 수신 안테나로서 사용할 때의 주파수에 대한 감도는 같은 것이다.

우리는 「빛의 창문」을 통해 우주를 보고 있다. 이것은 우주에는 빛을 흡수하는 물질이 적다는 것을 말하며, 법칙에 따르면 빛을 흡수하는 물질이 적다는 것은 곧 빛을 발생하는 물질도 적다는 것을 의미하고 있다. 태양을 비롯한 항성(恒星)은 차라리 예외적인 존재라고 할 수 있다. 그러나 눈에 보이지 않는 파장의 전자기파를 내는 것은 적지 않다.

쇳조각 따위를 가열해서 온도를 높여가면 700도쯤에서 새빨갛게 달기 시작해서 1,000도에서는 선명한 빨강색이 되고 1,300도에서는 백열(白熱)이라는 말 그대로 새하얀 색깔이 된다. 가시광선에는 파장이 긴 쪽에서부터 빨강, 주황, 노랑, 초록, 파랑, 남, 보라의 일곱 가지 색이 있고 이들 색깔이 혼합하면 하얗게 된다는 것이 잘 알려져 있다.

이와 같이 고온의 물체로부터는 전자기파가 복사되고 온도가 높아지면 파장이 짧은 쪽으로 이동한다. 온도가 낮을 때도 전자기파는 복사되며 눈에는 보이지 않지만 열로써 느낄 수가 있다. 700도쯤까지 높아지면 파장이 긴 적색 전자기파가 복사되기 시작하므로 빨갛게 보이는 것이다. 이와 같은 전자기파의 복사를 열복사(熱輻射)라고 한다.「온도가 있는 곳에 전자기파가 있다」고 말할 수 있다.

원자는 양전하를 갖는 원자핵과 음전하를 갖는 전자가 원자핵 주위를 회전하고 있는 모델로 생각해도 좋다. 이 원자가 배열해 있는 것이 쇳조각과 같은 고체이다. 보통「온도가 높다」고 하는 것은 전자 등이 불규칙하게 진동하는 속도가 크다는 것일 따름이다. 〈그림 102〉에 보였듯이 전하를 갖는 전자가 빠른 속도로 불규칙한 진동을 하면 번개가 방전할 때와 같은, 시간적으로 짧은 펄스 모양의 전류가 쇳조각의 내부에는 물론 표면에도 흐르는 것이다.

고온이 되면 전자가 충돌할 때까지 달려가는 거리는 오히려 짧아지고 더욱이 빠른 속도로 움직이기 때문에 전하의 이동에 의한 전류펄스의 시간상 폭이 짧아진다. 펄스의 폭이 짧아지면 주파수가 높은(파장이 짧은) 전자기파를 포함한다는 것은 앞에

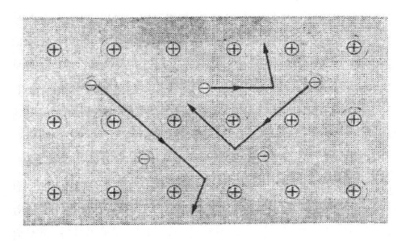

〈그림 102〉 고체 속에서 불규칙한 운동을 하는 전자

서 설명한 그대로다.

백열 상태가 된 쇳조각에서 나오는 열복사는 강렬해서 눈에 두드러지지만 상온의 물체도 낮은 주파수에서 약한 열복사를 하고 있다. 위성통신에서는 수신하는 전파가 약하기 때문에 지상으로부터의 열복사에 의한 잡음(열잡음이라고 한다)이 문제가 된다. 적도 위에서는 정지위성이 바로 위에 있지만 위도(緯度)가 높아짐에 따라 수평선에 접근한다. 위도가 높은 지역에서 위성으로부터의 전파는 지상에 가까운 방향에서 오기 때문에 상공보다 높은 지상온도의 열잡음을 받으므로 불리하다.

단일파장의 전자기파

백열화한 쇳조각이 복사하는 전자기파는 여러 가지 파장의 빛이 합쳐진 것이다. 백색뿐만 아니라 보통의 빛, 이를테면 적색이더라도 파장은 0.70미크론에서 0.71미크론 등으로 파장에 폭이 있는 빛인 것이다. 전파도 번개의 펄스파가 몇 개의 파장을 종합한 것인 것처럼 자연계에서 발생하는 전자기파는 모두 여러 가지 파장이 섞여 있다. 이것에 대해 인공으로 된 전자기파는 최초의 헤르츠의 불꽃방전 이외에는 모두 단일파장이다.

파장이 한 종류인 빛은 한 가지 색만을 갖기 때문에 단색광(單色光)이라고 부르는데 광통신에서도 단색광이 사용되고 있다. 왜 단색광이 필요할까? 광통신에 사용하는 광섬유의 지름은 가느다란 것이 10미크론(0.01㎜)이고 굵은 것이라도 50미크론 정도다. 렌즈로 빛을 초점에다 모을 수 있다는 것은 잘 알려진 일이지만 광통신에서도 렌즈를 사용해서 빛을 섬유 속에 넣는다.

〈그림 103〉의 윗단은 렌즈로 빛이 초점에 모아지는 상태를 보여주고 있다. 세로줄은 전계가 제로가 되는 면이다. 아랫단은 렌즈의 상반부와 하반부에 파장이 약간 다른 빛이 입사했을 경우를 보여주고 있다.

〈그림 103〉의 아랫단 초점에서는 상반부에서 온 빛과 하반부에서 온 빛의 전계의 방향이 반대가 되어 서로 상쇄되고 있다. 초점 이외의 점이 밝아지는 것이다. 이것이 여러 파장을 포함한 빛에서 초점이 흐릿해지는 이유다. 광통신에 단색광이 유리하다는 것은 이 밖에도 있겠지만 섬유에다 빛을 넣기 위해 초점을 죄는 데서 단색광이 필요하다.

단색광을 발생시키기 위해서는 전하를 갖는 전자가 어떤 일정한 주파수로 진동해야 한다. 전자가 특정 주파수로 진동하는 것을 이해하기 위해서는 전자가 입자이면서도 파동이기도 하다

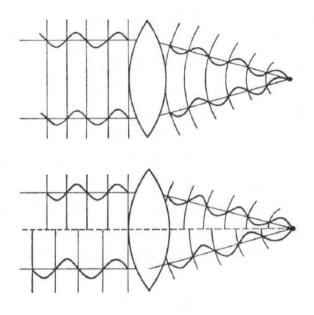

〈그림 103〉 렌즈에 의한 집광

는 양자역학적 지식이 필요하다. 이것은 이 책에서 다룰 목적 이외의 일이기 때문에 여기서는 생략하지만 양자역학의 결과도 전하를 갖는 전자가 진동하고 전류가 흘러서 전자기파가 복사 되는 것이다. 앞에서 말한 「온도가 있는 곳에 전자기파가 있 다」고 하는 말은 「전류가 있는 곳에는 전자기파가 발생한다」는 말로 바꿔놓을 수가 있다.

주파수가 높은 전자기파—X선

에디슨이 발명한 백열전구 속은 진공인데 이것을 개량하는 실험에서부터 진공관이 착상되어 진공 속을 진행하는 전자의 연구가 활발해졌다. 그리하여 1885년에 뢴트겐(Röntgen)은 고속 전자가 금속에 충돌했을 때 형광판에 감지되는, 투과성이 강한 선이 복사되고 있다는 것을 발견했다.

뢴트겐은 투과성이 강하다는 것을 보여주기 위해 손뼈가 찍힌 그림자를 촬영해서 발표했는데 그 정체가 수수께끼였기 때문에 「무언지도 모를 강한 선」이라는 뜻에서 이것은 X선이라고 명명되었다. 이것은 발표되자 불과 몇 주 후에 벌써 의학(醫學)에 응용되었다고 한다. 이것으로 보아 당시의 유럽 사회가 얼마나 활기에 차 있었던가를 상상할 수 있다.

X선은 빛이나 전파와 같은 전자기파의 한 무리가 아닐까 하는 예상이 X선 발견 당시부터 있었지만 그것이 정말로 전자기파라는 것이 증명되기까지는 뢴트겐의 발견으로부터 30년 가까운 세월을 더 기다려야만 했다. 1912년에 라우에(Laue)가 X선의 결정(結晶)에 의한 회절현상(回折現象)을 발견하여 X선이 극히 짧은 전자기파라는 것을 확인한 것이다.

그렇다면 X선은 어떻게 해서 발생하고 왜 인간의 몸을 비롯한 많은 물질을 쉽게 투과할 수 있는 것일까?

광속의 10분의 1 정도의 고속 전자가 금속 표면에 충돌하면 금속 내부까지 들어간다. 원자핵이 수많은 양성자(陽性子)를 가진 납과 같은 무거운 금속일 경우에는 원자핵의 인력이 강하기 때문에 전자는 급각도로 휘어진다(그림 104).

금속에서는 전체로서 양전하와 음전하의 합이 제로이기 때문에 거기에 음전하를 가진 전자가 들어오면 양전하가 유도되어 (음전하를 가진 전자가 밀려나가고) 전류가 흐른 것이 된다. 이 전류가 흐르는 시간은 전자가 휘어져서 없어지거나 감속되어

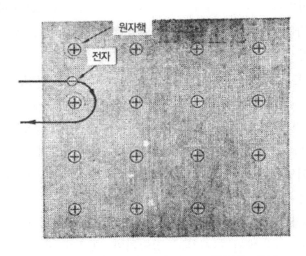

〈그림 104〉 원자핵의 인력으로 휘어지는 전자

정지하기까지의 극히 짧은 사이이며 이때에 흐르는 전류는 펄스 모양이다. 시간상의 펄스 폭은 그림에서 전자가 대충 반 바퀴를 돌아가는 시간이다. 전자를 1,000볼트로 가속하면 광속도의 10분의 1의 속도(3×10^7m/초)가 된다. 금속 원자핵의 간격은 수 옹스트롬(Å)이므로 전자가 반 바퀴를 도는 거리를 3옹스트롬(3×10^{-10}m)이라 하면 전류의 펄스 폭은 10^{-17}초가 된다.

번개의 방전에 의한 전자기파를 검토한 것처럼 펄스 모양의 전류에서 복사되는 전자기파 중 높은 주파수의 성분은 거의 펄스 폭의 역수인 주파수가 된다. 이 경우의 주파수는 10^{17}헤르츠이고 파장은 30옹스트롬인 X선이 된다.

전자기파가 물질에 흡수될 경우 전자기파의 주파수와 원자핵을 회전하는 전자의 회전수는 반드시 일치하지는 않지만 일반적으로 무거운 원자핵에서는 전자의 회전이 빠르기 때문에 주

파수가 높은 전자기파는 크고 무거운 원자에 흡수되고 작은 원
자에는 흡수되기 어렵다.

X선은 이와 같이 높은 주파수의 전자기파이므로 납과 같은
무거운 원자에는 흡수되지만 인체의 성분인 수소, 탄소, 산소
등 원자핵이 작고 가벼운 원자에는 흡수되기 어렵다. 이것이
투과력이 강한 이유이다.

종장

　짧막한 한 줄의 전선에 전류가 흐르면 반드시 전자기파가 복사된다는 것을 알기 쉽게 설명하려는 것이 이 책의 목적 중 하나였다. 이해하기 힘든 곳을 반복해서 읽으면, 서장(序章)에서 말한 입사시험 문제의 해답은 가능할 것이다.

　그러나 입사시험에서는 짧은 시간에 답을 써야 하기 때문에 전기력선이나 자기력선부터 시작해서 앙페르의 법칙이니 패러데이의 법칙이니 하는 것을 중학생이 알 수 있게 설명하기에는 시간이 부족하다. 다음에 보인 것은 학생들의 강요로 만든 입사시험 문제에 대한 「모범 답안」이다.

　전선에 전류가 흐른다는 것은 전선 속에 전자가 움직이는 것이다. 전선은 양 끝이 단절되어 있으므로 전류는 직류가 아니고 전자가 전선의 방향으로 진동하고 있는 전류다(중학생은 이 점을 알기 어렵다). 직류가 흐르기 위해서는 도선이 닫혀 루프로 되어 있어야 하기 때문이다. 이것은 금속막대 따위의 탄성체(彈性體)의 각 부분이 길이 방향으로 진동하고 있는 것과 같은 현상이라고 생각할 수 있다. 앞의 예에서 든 시험관을 세워서 피리처럼 불었을 때와 같은 일이다.

　이와 같이 진동하고 있는 '막대'로부터는 소리가 들린다. 들린다고 하는 것은 소리가 이 막대에서 나와 공기 속을 전파해서 귀에까지 도달했기 때문이다. 이와 같이 막대의 진동이 공기 속의 진동이 되어 전파하는 것이 복사다. 전기의 경우도 마찬가지여서 전자의 진동이 공기 속에 전기적인 진동이 되어 전

<그림 105> 이 질문에 대답할 수 있게 되었는지?

질문: 그림에 보인 것과 같은 한 줄의 전선에 전류가 흘렀을 때 이 전
선으로부터 전파가 복사되는 것을 중학생에게도 알 수 있게 간단
히 설명하라

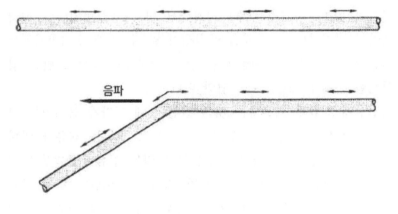

<그림 106> 진동하고 있는 막대가 구부러지면 음파가 복사된다

파하는 것이 전파의 복사다.

전파의 복사는 전파가 복사하지 않을 경우를 생각하면 이해
하기 쉽다. 송전선 등의 전선에 전류가 흐르고 있는데도 전파
가 복사되지 않는 것은 직선의 전선이 무한히 길 경우이다. 무
한히 긴 직선의 길이 방향으로는 진동을 하더라도 소리가 들리
지 않는 것과 같다.

그런데 〈그림 106〉과 같이 무한히 긴 막대를 구부리면 휘어진 곳에서 소리가 들려온다. 전류의 경우도 마찬가지여서 전선을 구부리면 거기서 전파가 복사한다. 송전선이나 가정 안의 배선도 휘어지면 거기서부터 전파가 나와 잡음이 되므로 전파의 복사를 억제한다는 것은 어려운 문제다.

이상이 쉽게 표현한 해답이지만 알 듯, 모를 듯 알쏭달쏭한 느낌이 들 것이다. 전자기파를 정말로 이해하기 위해서는 아무래도 전기력선과 자기력선을 알아야 할 필요가 있다.

전선으로 모스부호를 보내는 예를 들어 보였듯이 전송선로에 전지를 접속하면 지금까지 멈춰 있던 전자가 힘을 받아 움직여 먼저 **전기력선과 자기력선이 생긴다는 것**, 다음에는 **앙페르의 법칙과 패러데이의 법칙을 만족시키는 형태로서 역선이 빛의 속도로 진행한다는 것**, 이 두 가지 점을 이해하는 것이 핵심이다.

짧은 도선으로부터 전자기파가 나가는 상태를 보인 〈그림 84〉에서 도선 위에 양전하와 음전하가 불어나면 전기력선과 자기력선이 **팽창한다는 것**은 쉽게 상상이 갈 것이다. 그러나 전하가 감소할 때 전기력선과 자기력선은 수축하는 것이 아니라 더욱 팽창해서 복사가 일어나는 것은 앙페르의 법칙과 패러데이의 법칙을 만족시켰기 때문이다.

전자기파가 진행하는 상태를 보이는 데는 흔히 〈그림 107〉의 윗단과 같은 그림이 사용되고 있는 것을 보는데, 지금까지의 설명으로 보면 이것은 분명한 오류이다. **전계와 자계가 번갈아가며 처진 위치에서 강하게 되는 것은 정재파**(그림 71)이고, **전자기파는 진행하지 않는다.**

정재파에서는 전계가 강할 때 자계가 제로가 되고, 자계가

198

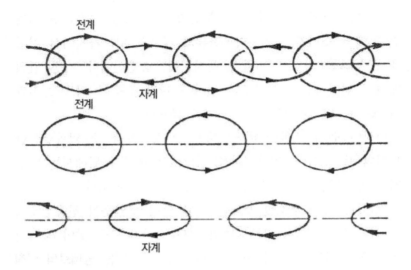

〈그림 107〉 전자기파의 진행 상태를 설명하는 데 흔히 사용되는 그림

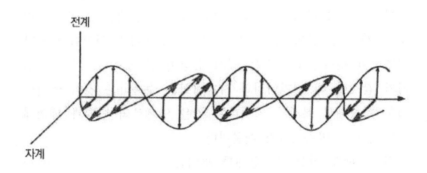

〈그림 108〉 전자기파의 진행 상태를 보여주는 또 하나의 그림

강할 때는 전계가 제로가 된다는 것은 지금까지 여러 번 나온 사실이다. 따라서 〈그림 107〉의 가운데 단과 같이 어떤 순간에 전계가 강해지면 자계는 제로가 되고, 4분의 1주기 후에는 자

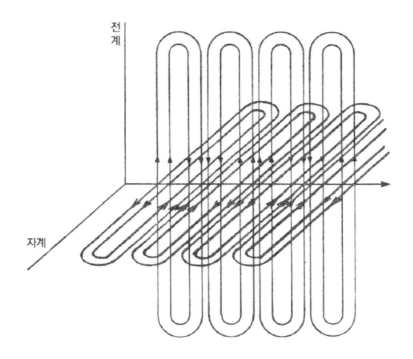

〈그림 109〉 전자기파를 나타내는 하나의 아이디어

계가 강해지고 전계는 제로가 된다. 이것을 반복하고 있기 때
문에 〈그림 107〉과 같은 파동은 진행하질 않는 것이다. 〈그림
107〉의 오리지널은 노벨물리학상을 수상한 보른(M. Born)에
의해 그려졌기 때문에 그 후 많은 저서에서 다루어졌으나 전자
기파가 진행하는 데는 〈그림 67〉과 같이 전계와 자계가 동시
에 강해져야 한다.

　또 〈그림 108〉과 같이 전자기파가 진행하는 것을 보인 그림
도 많다. 전계나 자계의 크기를 백터(Vector, 방향을 화살표로,

크기를 길이로써 나타낸다)로 나타내면 확실히 그림처럼 된다. 그러나 이 그림으로는 바다의 파도처럼 어느 한 면에만 파동이 있는 듯한 느낌을 준다. 사실 전계나 자계는 공간 전체에 있으므로 전자기파는 역시 전기력선과 자기력선으로 보여주는 것이 적당하다. 〈그림 109〉는 그것의 한 시도이다. 다만 전기력선과 자기력선이 닫혀 있는 것은 먼 곳을 가리킨다. 전자기파가 진행하는 방향으로 수직인 면 안에서는 전기력선과 자기력선을 각각 한 줄씩만 그렸는데 실제는 이 면 안에서 역선이 균일하게 분포해 있다.

어쨌든 패러데이가 고안하고 맥스웰이 그것을 사용해서 빛이 전자기파라는 것을 예언할 수 있었던 전기력선과 자기력선을 머릿속에 그려낼 수 있게 된다면 보이지 않는 전자기파가 눈에 보이게 될 것이 틀림없다.

전자기파란 무엇인가

보이지 않는 파동을 보기 위하여

초판 1쇄   1993년 07월 30일
개정 1쇄   2018년 12월 10일

지은이   고토 나오히사
옮긴이   손영수·주창복
펴낸이   손영일
펴낸곳   전파과학사
주소   서울시 서대문구 증가로 18, 204호
등록   1956. 7. 23. 등록 제10-89호
전화   (02)333-8877(8855)
FAX   (02)334-8092
홈페이지   www.s-wave.co.kr
E-mail   chonpa2@hanmail.net
공식블로그   http://blog.naver.com/siencia

ISBN 978-89-7044-847-3 (03560)
파본은 구입처에서 교환해 드립니다.
정가는 커버에 표시되어 있습니다.

도서목록
현대과학신서

도서목록

BLUE BACKS